千葉祐士

熟成・希少部位・塊焼き

日本の宝・和牛の真髄を食らい尽くす

講談社+α《プラスアルファ》新書

はじめに

この勝負、絶対に負けられない――。

今年（２０１５年）のゴールデンウイーク中、私はその覚悟で、ある大きな舞台に臨んでいました。

目の前に広がる東京・駒沢オリンピック公園の中央広場には、数百名のお客様が食事をされる巨大なテントが2張りと、30軒の仮設店舗、さらにさまざまなエンターテイナーがパフォーマンスをくり広げるステージなどが並んでいます。

「２０１５年ＴＯＫＹＯ　春、肉フェス」

ゴールデンウイークにかけて4月24日から29日（前期）と5月1日から6日（後期）まで、12日間にわたって延べ55万２０００人を動員する大イヴェント。まさに「お肉の祭典」と言えるお祭りが、今まさに開幕しようとしていました。

３回目の開催となる今年は、駒沢会場のほかに千葉幕張豊砂公園会場と、横須賀長井海の手公園会場（ここでは「肉まぐろフェス」）も同時期に開催され、3会場をあわせると100万人近いお客様の来場が予想されていました。

その中で私は、和牛の最高峰の品種である「黒毛和牛」を使った「熟成肉」の「塊《かたまり》焼き」で臨むことにしていました。

ほかの参加店舗は、いずれも人気店が顔を並べ、ハンバーグ、メンチカツ、タンステーキ、骨なしから揚げ、ホルモン、テッチャンといったメニューが並んでいます。ステーキの店もありますが、「USアンガス牛リブロース」だったり、韓国風の「もみ込みカルビ」であったりします。なかには「黒毛和牛炙《あぶ》り握り（お寿司）」のような変化技のメニューもあります。和牛本来の味をストレートに表現した店舗は意外に少ないのです。

その理由は、コストにあります。この大会では、どの店舗もメイン商品は一皿1400円と決められていて、そこから一定割合を参加費（出店費）として主催者に納めなければなりません。その条件下で利益を確保するためには、原価率の低い食材を選ぶ以外ないのです。

言うまでもなく黒毛和牛は、もっとも原価率の高い高級食材のひとつです。

——だからこそ、このラインナップの中でほかの肉に負けるわけにはいかない。

私の中では、たとえ利益は少なくても「肉フェス」での売り上げナンバーワンは、黒毛和牛の店でなければならないと思っていたのです。

私は、日本の黒毛和牛は世界に誇れる日本の「国宝」であり「財産」であると思っています。その肉を使って、さらに熟成させて塊焼きにした「肉の王道メニュー」を出すからには、ほかに負けるわけにはいきません。この会場で展開されている30店舗のメニュー内容とそこに集まるお客様の姿は、まさに現在の食肉業界に起きているグローバルでハイレベルな争いそのものなのです。


本書内で詳しく述べますが、現在日本で「和牛」と呼べるのは「黒毛和種」「褐毛《あかげ》和種」「日本短角種」「無角和種」の4種類です。なかでも黒毛和種は和牛の飼育数の9割を占めています。「特産松阪牛」を筆頭に各地でブランド化され、その美味《おい》しさを競っていることはみなさんご存じのとおりです。

世界的に見ても、食肉用にこれだけ手間をかけて飼育された牛はほかにはありません。また「焼き肉」という食文化を持つ日本人は、牛肉の細かな部位の味覚や特徴を食べわけるという楽しみ方を知っています。

各地の生産者は、消費者の期待に応えるために、飼料の改良や飼育方法の改善など、さまざまな努力を重ねてより美味しい牛肉を提供しようとしています。

一方世界でも「ＷＡＧＹＵ」ブームが起きています。各国で、日本の和牛の精子を輸入して生んだ「外国産和牛」も生産されていますし、国をあげてのプロモーションも行われています。フランスでは「ＷＡＧＹＵが日本産の牛のことだとは知らなかった」という消費者もいるほどです。

また中国では、一時、日本企業と合弁会社を作り、日本の黒毛和牛の精子を使って「雪龍黒牛」というブランド牛を作りました。

そうした「外国産の和牛」の牛肉は、ものすごい勢いで世界に広まり、世界中のスーパーなどで大人気で売られています。価格競争になると日本産の和牛に勝ち目はありませんから、国内でも世界でも、日本産和牛は厳しい局面に追い込まれているのです。

けれど、世界的なブランドとなった「松阪牛」や「神戸牛」を見るまでもなく、その味覚や食感において、日本産和牛は世界に冠たるレベルを維持しています。安心安全の観点からも、一頭ごとに10桁の識別番号をつけて、追跡可能性（トレーサビリティ）が確立されているのは和牛しかありません。

最近では、熟成という工程をかけることが人気となり、従来の「霜降り礼賛」の風潮に代わって「赤身肉」の人気が高まりつつあります。赤身の美味しさや熟成を切り札に、国内の和牛市場でも新興ブランドが勢いをつけようとしています。

さまざまな観点から見て、私は「和牛」こそ日本の肉食文化のひとつの頂点であり、日本人がこれからも大切にしていかなければならない食材であると思っています。

だから「国宝」であり「財産」だと書いたのです。

幸いなことに、2015年のゴールデンウイークに東京で行われた肉フェスに出店した私の店舗「格之進」は、駒沢会場優勝、3会場あわせても総合優勝の栄誉をいただきました。一日の売り上げは約5000食。9ページの写真にあるように、仮設店舗前に4列に並んでいただいたお客様の列が、延々と100メートル近く続くほど、圧倒的なご支持をいただきました。

また、本書執筆中にも2度の「肉フェス」がありました。結果、夏の新潟で3連続目、本書の刊行間際の9月末、東京・神奈川・三重の3ヵ所で行われた秋の「肉フェス」でも4度目の総合優勝を飾ることができました。それはひとえに、黒毛和牛の美味しさゆえであり、お肉の王道がそれだけ評価されたこととして、私は素直に喜びたいと思います。

同時に、もっと多くのお客様に和牛の素晴らしさを知っていただきたい。

お肉に対する正しい知識を持っていただきたい。

そして、誠実に肉牛と向き合う生産者とともに、日本の和牛文化をますます発展させたい。

そんな思いから、本書をまとめてみました。私の知る限りの「和牛を美味しく食べる秘訣」を、みなさんにお伝えしていこうと思います。

本書を通してひとりでも多くの和牛ファンに、私のお肉に対する「思い」が伝わることを、願ってやみません。

千葉祐士《ちばますお》

2015年10月

「2015年TOKYO　春、肉フェス」で出店した筆者の店の前には、
４列で100メートル近い長蛇の列ができた

日本最大のフードイベントに黒毛和牛の熟成肉の塊焼きで参戦
し、現時点で４回連続の総合優勝をはたす（前列左が筆者）

◉目次

第2章　本物の熟成肉の見分け方

第3章　黒毛和牛の醍醐味「希少部位」ランキング

第4章　千葉流・切り方から焼き方まで、焼き肉を極める

第5章　世界一美味しい和牛の作り手が追い詰められている

エピローグ　和牛から始まる「公益的ビジネス」

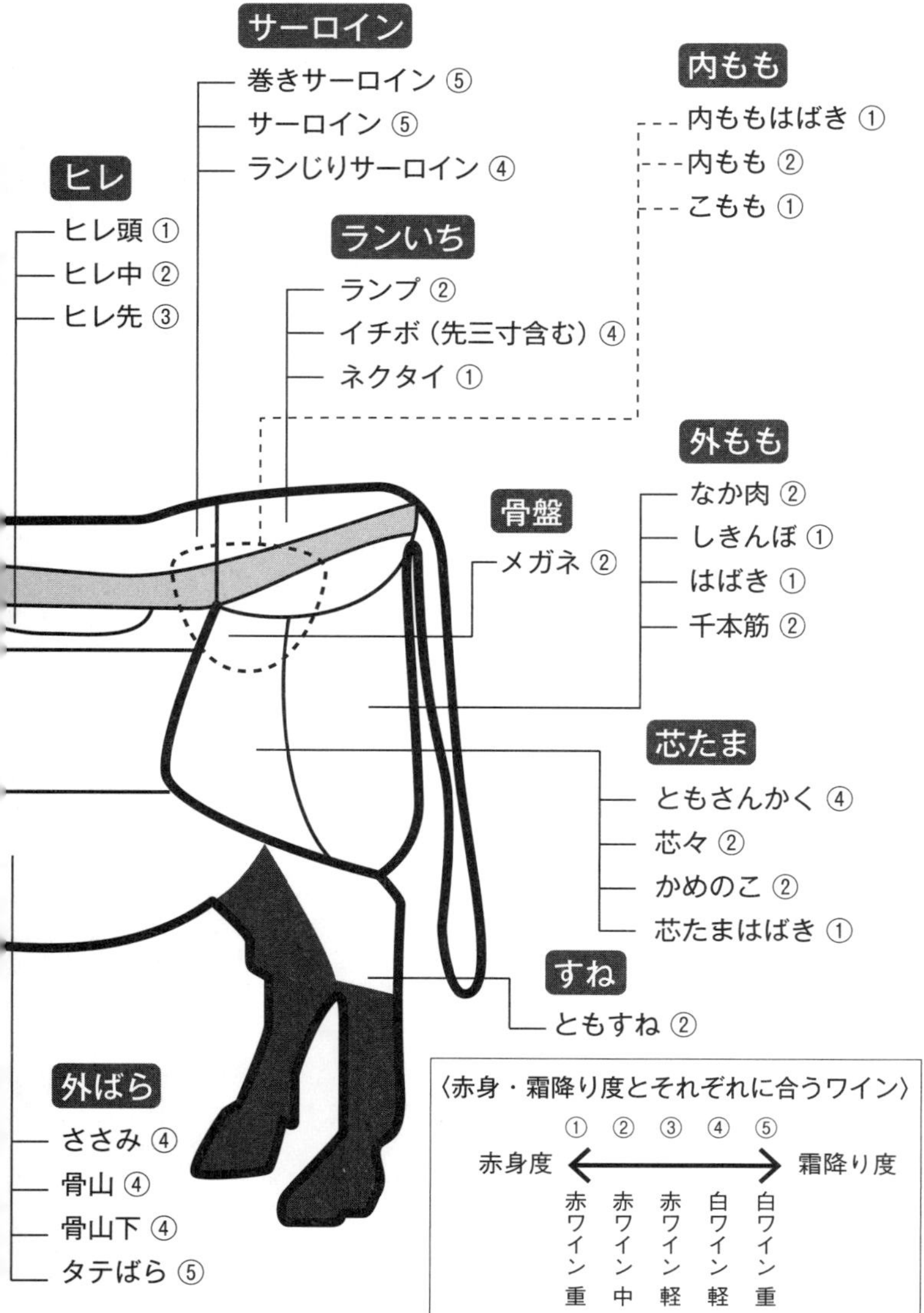
サーロイン
巻きサーロイン ⑤
サーロイン ⑤
ランじりサーロイン ④
内もも
内ももはばき ①
内もも ②
こもも ①
ヒレ
ヒレ頭 ①
ヒレ中 ②
ヒレ先 ③
ランいち
ランプ ②
イチボ（先三寸含む）④
ネクタイ ①
外もも
なか肉 ②
しきんぼ ①
はばき ①
千本筋 ②
骨盤
メガネ ②
芯たま
ともさんかく ④
芯々 ②
かめのこ ②
芯たまはばき ①
すね
ともすね ②
外ばら
ささみ ④
骨山 ④
骨山下 ④
タテばら ⑤
〈赤身・霜降り度とそれぞれに合うワイン〉
① ② ③ ④ ⑤
赤身度 ⟷ 霜降り度
赤ワイン重
赤ワイン中
赤ワイン軽
白ワイン軽
白ワイン重

図表１　牛の部位図

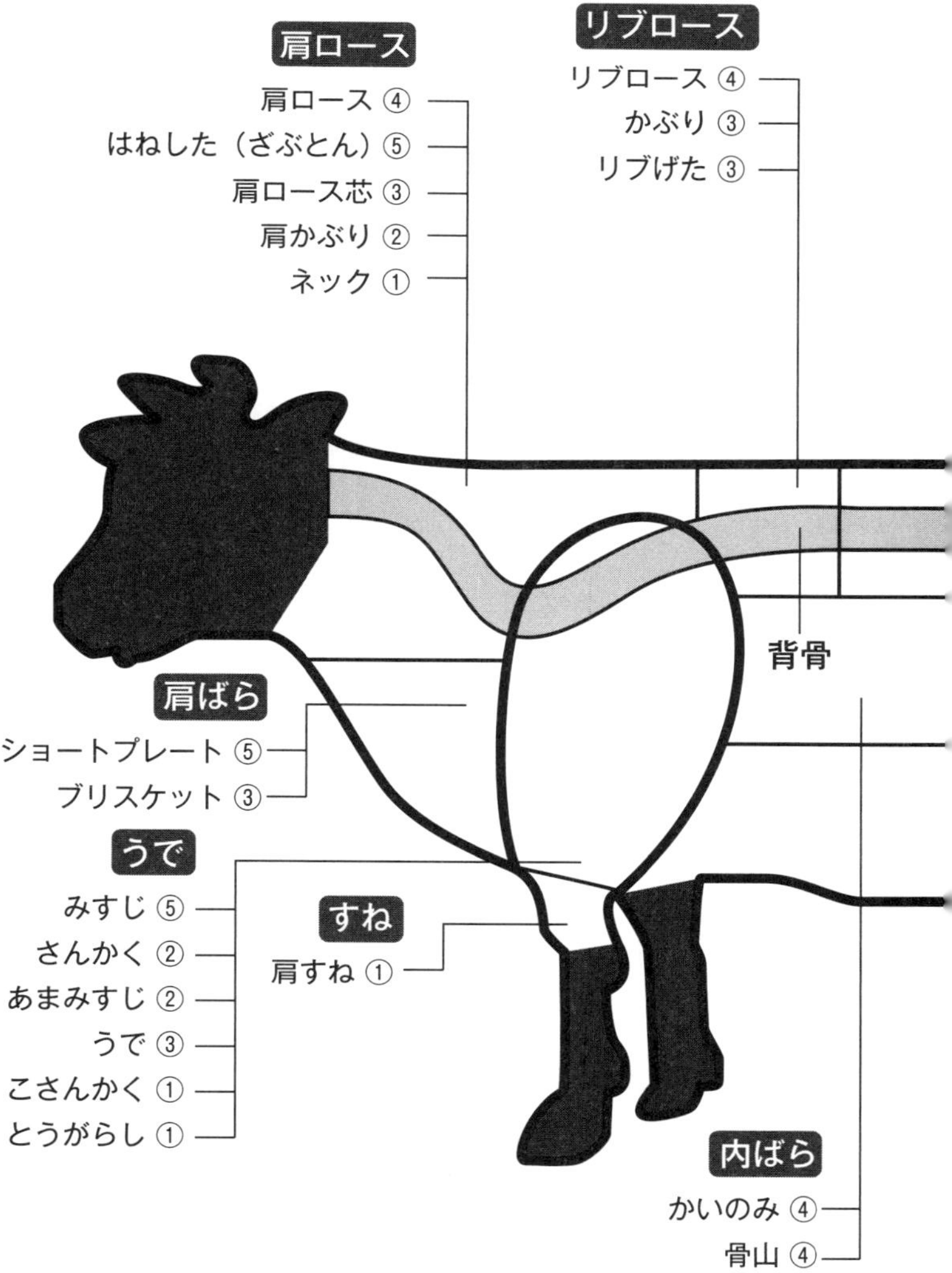
肩ロース
肩ロース ④
はねした（ざぶとん）⑤
肩ロース芯 ③
肩かぶり ②
ネック ①
リブロース
リブロース ④
かぶり ③
リブげた ③
背骨
肩ばら
ショートプレート ⑤
ブリスケット ③
うで
みすじ ⑤
さんかく ②
あまみすじ ②
うで ③
こさんかく ①
とうがらし ①
すね
肩すね ①
内ばら
かいのみ ④
骨山 ④

図表２　「格之進」のメニュー例　和牛のパーツ別コース料理内容

肩セット

大パーツ名	中パーツ名	小パーツ名（部位ランク分け含む）
肩ロース	肩ロース	肩ロースかぶり
		肩ロース巻き
		肩ロース芯
		ばら先
		骨山
	はねした（ざぶとん）	特選部位
		並部位
	肩ロース芯	上部位
		並部位
	肩かぶり	肩かぶり上
		肩かぶり並
	ネック	ネック
肩ばら	ショートプレート	特選部位
		上部位
		骨山
	ブリスケット	焼き肉部位
		切り落とし部位
		ひき肉部位
うで	みすじ	みすじ先
		みすじ中筋はずし
		みすじ頭はじ
	さんかく	さんかく大
		さんかく小
	あまみすじ	あまみすじ上
		あまみすじ並
	うで	うで
	こさんかく	こさんかく大
		こさんかく小
	とうがらし	とうがらし頭はじ
		とうがらし中筋付き
すね	肩すね	肩すね

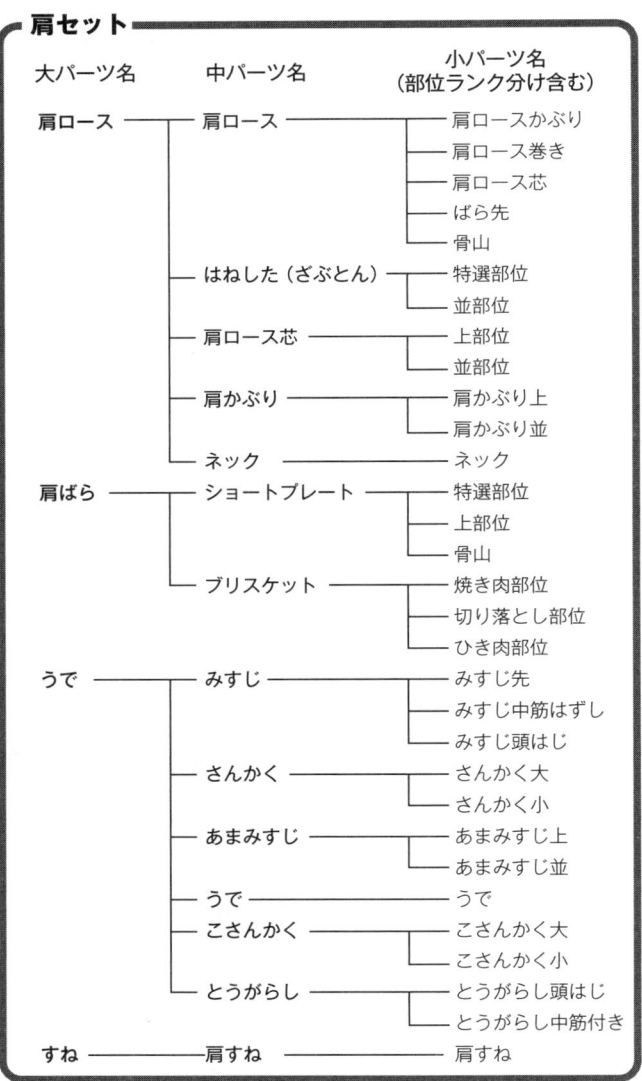

ロースセット

大パーツ名	中パーツ名	小パーツ名（部位ランク分け含む）
リブロース	リブロース	リブ巻き
		リブアイ
		ばら先
	かぶり	リブかぶり上
		リブかぶり並
	リブげた	リブげた
サーロイン	巻きサーロイン	巻きサーロイン
		サーロインげた
	サーロイン	サーロイン
		サーロインげた
	ランじりサーロイン	ランじりサーロイン
		サーロインげた
ヒレ	ヒレ頭	ヒレみみ
		ヒレ頭
	ヒレ中	ヒレ中
		ヒレ筋
	ヒレ先	ヒレ先
		ヒレ筋

ばらセット

大パーツ名	中パーツ名	小パーツ名（部位ランク分け含む）
内ばら	かいのみ	かいのみ
		かいのみ下
	骨山	内ばらヘット付き
		内ばらヘット無し
外ばら	ささみ	ささみ
	骨山	骨山
	骨山下	骨山下
	タテばら	タテばら
		タテばら並

ももセット

大パーツ名	中パーツ名	小パーツ名（部位ランク分け含む）
内もも	内ももはばき	内ももかぶり
	内もも	内もも上
		内もも並
	こもも	こもも
芯たま	ともさんかく	ともさんかく上
		ともさんかく並
	芯々	芯々上
		芯々並
	かめのこ	かめのこ上
		かめのこ並
	芯たまはばき	芯たまはばき
外もも	なか肉	なか肉大
		なか肉小
	しきんぼ	しきんぼ
	はばき	はばき
		千本筋
ランいち	ランプ	ランプ上
		ランプ並
	イチボ	イチボ上（イチボの先三寸）
		イチボ並
	ネクタイ	ネクタイの棒
		ネクタイ巻き
すね	ともすね	ともすね
骨盤		メガネ

プロローグ　元祖「お肉の解体ショー」

希少部位を楽しめるのは和牛だけ

「ではこれから黒毛和牛の解体ショーを始めます。私が丹精込めて仕上げた『門崎《かんざき》熟成肉』を通して、こうしてみなさんと交流できることが、私には何よりの喜びです」

とある日の夜7時30分。六本木にある私の焼き肉店「格之進R」には、定員ぴったりの28名の男女が集まってきました。あるお肉大好きなグルメ女史が主催し、その仲間が集まる「和牛のしゃぶしゃぶ、お肉の解体ショー」の始まりです。

私は参加者のみなさんに挨拶してから、「今日の最初のお肉はこれです」と、横幅1メートル×縦60センチ、約13キロの大きなサーロインの塊を中央のテーブルで披露しました。その瞬間、会場からは「ホーッ、大きい〜」とため息が漏れ、誰もが席を立って肉に近づいてスマートフォンや一眼レフのカメラで写真を撮り始めます。もちろん、肉に鼻を近づけて香りを嗅いでいる人もいます（次ページの写真参照）。

「うわー、牧草の香りがする」「ナッツのようなほの甘い香りも感じられる」「脂が少し融《と》け始めているね。融点が低いんだな」などなど、口々に感想がこぼれます。

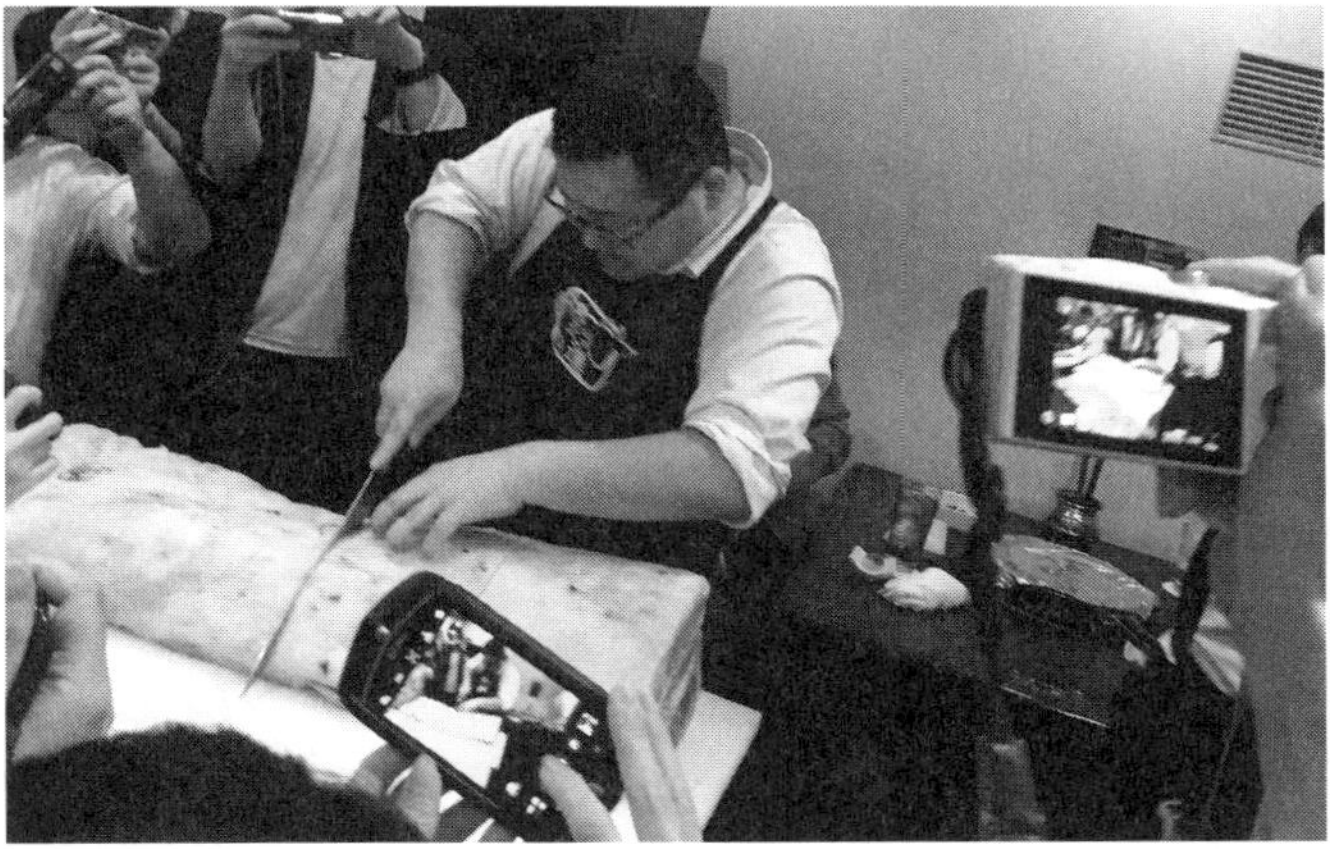

「解体ショー」では、人の体を例に部位の美味しさの違いは牛の動きに関係していると解説

牛の「目利き」の家に生まれ牛とともに育ち、今、消費者にいちばん近い場所で肉を語る

私はひとりのお客様に後ろを向いてもらい、その背中を牛に見立てて部位の説明を始めました。

「この肩甲骨の続きにリブロースがあり、さらにサーロインとなります。サーロインと一口に言っても、部位の始まりと終わりでは筋肉としての役割が違います。一般的に大きく動く筋肉は硬くなり、動かない筋肉は柔らかくなります。動きの違いによって肉の味や食感は変化します。10センチ違えば繊維質も違ってきますから、味も変わります。そのお肉が牛のどの部分のどんな動きをする筋肉なのか、それを想像しながらお肉を楽しんでいただきたいと思います」

この日私が用意したお肉の塊は、「サーロイン」のほかに「ヒレ（頭、中、先）」「リブロース」「うで肉ブロック」といった部位でした。これらを大きな包丁を使って切り分けて、細かな部位ごとの味を楽しんでいただきます。

うで肉からは、「とうがらし」「あまみすじ」「みすじ」「さんかく」などが切り分けられます。それぞれ枝肉から10〜20人前とれるかとれないかといった希少部位です。こうした希少部位を楽しめるのは、血統に守られ、徹底的に飼料や肥育方法にこだわった黒毛和牛だけです。

アメリカのステーキハウスやフランス料理のレストランなどでは、こういう部位がメニューに載ることはありません。欧米では、肉牛の部位ごとの味わいの違いを楽しむ食文化が発達していないからです。日本の焼き肉が部位にこだわるのは、素材の味覚の細やかな違いを楽しむという、日本の食文化に裏打ちされた食べ方と言っていいでしょう。

日本でも、今から十数年前までは、焼き肉店に行くと、「カルビ」と「ロース」しかメニューにないような店がほとんどでした。というのも、お肉を切り分けた状態で問屋から仕入れるのが当たり前だったからです（現在でもそういう店が多いのですが）。それゆえ、細かな部位の味覚を楽しむことはできませんでした。

本来「カルビ」とは、牛の特定の部位を指す言葉ではありません。一般的には「ばら」、つまり肋骨の周囲の脂分の多い部位を指しています。だから、どの部位を「カルビ」と呼ぶかは店によって違ってきます。いずれも霜降りの「さんかくばら」「ブリスケットの一部」「肩ロース」「内ばら」「外ばら」「うでのみすじ」「もものともさんかく」などが「カルビ」と呼ばれてきました。それぞれ価格は違いますから、どの部位のお肉をカルビと呼ぶかで、その店のレベル（価格帯）が決まっていたのです。

そのころから現在まで、日本の焼き肉文化は時代とともにさまざまな流行を生みながら、よりいっそう繊細に高度化してきました。お肉の流行史の中には消費者を惑わすような流行もなかったわけではありませんが、時代を経て消費者の美味しい牛肉を食べた経験値は高くなり、牛肉に対する舌は肥え、お肉の楽しみ方は洗練されてきたのです。

＊＊焼き肉の流行史については第1章で解説しましょう。

部位ごとの味覚の違いを楽しむということが流行になって以降は、各店舗やガイドブックなども競って希少部位を提供（紹介）しています。

現在格之進では、お肉の分類を大きく4種類（肩セット、ロースセット、ももセット、ばらセット）とし、それをさらに大パーツとして15種類、中パーツ43種類、小パーツ82種類に分けています（18〜20ページ図表2参照）。

黒毛和牛のお肉には、この部位の数だけ異なる魅力があり、それぞれの部位にふさわしい焼き方や食べ方があります。私たちは日本に生まれてこの繊細な食文化の中で生きているのですから、ぜひ黒毛和牛の部位ごとの味覚や食感の違いを味わってほしいと思っています。

＊＊希少部位については第3章で詳述しましょう。

美味しい赤身の肉の条件とは

この日のしゃぶしゃぶ会も、それぞれの部位の特徴にあった3種類の鍋の出汁《だし》（「塩麹」「割り下」「豆乳」）でしゃぶしゃぶを楽しんでいただこうという、贅沢な趣向で開かれていました。

「千葉さんの店は一頭買いだから、同じ牛のさまざまな部位を食べ比べできるのよね」

常連のお客様がつぶやきます。そのとおり。私の店では、お肉は「一頭買い」が基本です。

一頭買いとは、市場に行って枝肉と呼ばれる牛の半身状態の骨つき肉をふたつ分、丸ごと買ってくることを意味しています。昔映画『ロッキー』で、主人公が大きな冷蔵庫の中で、フックで吊り下げられた牛肉をパンチ練習のためにたたいていましたが（若い読者はわかりませんか？）、あの状態を「枝肉」と言います（103ページの写真参照）。枝でお肉を選ぶことで自分が理想とするお肉を買うことができ、また今回のようにお客様に細かな部位まで楽しんでいただくことができるのです。

＊＊一頭買いの意味については第1章で語っていきます。

もうひとりのお客様は、こうつぶやいていました。

「格之進さんのお肉は赤身が美味しいわよね。どの部位もしっかりとした味わいがあるし」

この言葉のように、最近のお客様、特に肉食系女子の嗜好は、大量の脂分を含み食べると舌の上で融けてしまうような霜降り肉から、しっかりとした味わいがある赤身の肉に好みが変化しています。それは健康志向による変化もありますが、第1章で述べる「儲かる牛」と「美味しい牛」のお肉の違いをお客様が見分ける（食べ分ける）ことができるようになったからで、お肉を見る目が鍛えられてきた証拠です。

ちなみに赤身の肉が美味しい牛には、ある条件があります。

たとえばこの日私が用意した枝肉の牛は、メス牛で肥育月齢が36ヵ月、枝肉での重さが400キロ以下の個体でした。私はそういう枝肉を厳選して、芝浦の東京都中央卸売市場食肉市場から仕入れているのです。

**牛の性別、肥育月齢、重さによる味の違いも第1章で解説します。

ちなみにこの牛がどこの繁殖農家で生まれて何ヵ月育てられ、ついでどこの肥育農家に買い取られて何ヵ月育てられいつ屠畜《とちく》されたかも、店内に表示された10桁の個体識別番号「1383606＊＊＊」によってわかります。さらに「血統証（登記書）」を見れば、その牛の父母、祖父母と血統をたどることも可能です。

最近では野菜やお米などでも、生産者の顔が見えるのは当たり前のことになりましたが、お肉の世界ではまだまだ珍しい。「はじめに」でも述べたとおり、生産現場の情報（血統、管理、種牛の選定基準など）の追跡可能性（トレーサビリティ）が確立されているのは、世界でただ一種類、黒毛和牛だけです。

さらに赤身肉が美味しい秘密があります。それはしっかりと「熟成」をかけていることです。

私は市場から枝肉を仕入れると、提携している問屋さんに頼んで巨大な冷蔵庫で枝肉のままで「枯らし熟成」をかけてもらいます。その後骨を外してから真空パックに詰めて「ウエットエイジング（熟成）」もかけます。

通常は骨つきで40日前後、骨を外してから20日前後の熟成をかけますが、この日は前もって予約をいただいていたので、特別に90日間の熟成をかけた肉を使いました。だから、普段店で出しているお肉よりもよりいっそう香りと風味があって柔らかいのです。

ただし、熟成については日数が長ければいいというわけではありません。またその考え方や方法についても、昨今の流行のあまり、間違った認識も広まっているようです。

その誤解を解くためにも、最近流行《はや》りの「お肉の熟成」については第2章で詳しく解説していきましょう。


私はこの解体ショーを2008年から始めて、もう7年になろうとしています。今では同じような企画を行う店もあるようですが、私が元祖といって間違いありません。

これを始めた理由は、焼き肉好きで月に何度か食べるというお客様でもお肉を塊として見る機会は少ないので、お肉に対する理解を深めてもらうとともに牛や生産者に対してもっと関心を持っていただきたいと思ったことがきっかけでした。知識を増やしてほしいというより、部位ごとの味、美味しさを、きっちり舌で認識していただきたいのです。

もちろん私自身、解体ショーでお客様にお肉の解説ができるようになるまでには、長い時間と数々の失敗が必要でした。

牛の目利きの家に生まれたものの

1999年、27歳で故郷の岩手県一関市に格之進の1号店を開いたときは、私は脱サラして帰郷したばかりで、牛に対する知識は消費者と同程度しかありませんでした。

私の父はかつて、地元の牛を芝浦の市場まで運んで競《せ》りにかける「馬喰《ばくろう》」と呼ばれる商売をしていました。当時扱っていた牛は「岩手のガリ牛」と呼ばれ、評価が低く、辛い思いをしたようです。

芝浦では、伊勢から来た牛は「上牛《かみうし》」と呼ばれて、8倍もの値段で取り引きされていたといいます。今の松阪牛の源流です。その種牛が但馬牛だったことから、あるとき父は「但馬の牛はすごい」と言って但馬まで行って独学で勉強を始め、牛の選畜眼を磨きました。今では兄がその後を継ぎ、肥育農家を経営しています。

とはいえ、私が子どものころは牛肉といったら高嶺の花で、とても家で食べられる環境ではありませんでした。今でも鮮やかに覚えていますが、初めて父がサーロインステーキを買ってきたのは小学校5年生のときのこと。しかもそのお肉は、和牛ではなくホルスタインの肉だったという、笑えない話もありました。

私は大学を出てサラリーマンをしていましたが、いずれは自分で事業をしたかったので、27歳のときに一念発起して故郷で焼き肉店を始めました。兄の牧場の牛の肉を店で売ることで、生産から小売りまでお肉の垂直統合経営、つまり「お肉のユニクロ」を目指そうと思ったのです。

だから1号店の開業時から「一頭買い」をしていました。ところが、まったく修業も準備もせずに焼き肉店を開業してしまったので、最初のころは一頭丸ごとのお肉を前にして、自分ではどうすることもできませんでした。開店してから兄にお肉の捌《さば》き方を教わったり、兄のところの従業員さんに牛の見極め方を教わったりしながら、牛の「目利き」であることとお肉を扱う「職人」であることをたたき込まれたのです。

以降ずっと一頭の枝肉を店で部位ごとに捌きながらお客様に提供しているので、さまざまな勉強と経験を重ねることができ、今では自称「お肉おじさん」。お客様や料理関係者からは「お肉の変態」と言われるまでになりました。ちなみに「変態」とは、お肉に対する趣味嗜好が妖《あや》しいことを指しているわけではありません。「一般的な状態をさらによい状態に変革する人＝変態」とご理解ください。つまり私は、現在の和牛業界の状態を、よりよく変革しようとあれこれ試みる「変態」なのです。

開店当初は「黒毛和牛」を看板にしていましたが、２００５年からは故郷の地名をつけた「いわて門崎丑《かんざきうし》」というブランドを立ち上げました。今も同じ岩手にある「前沢牛」やほかのブランド牛に負けないよう、生産者とも協力しながらよりよい肉質を目指して研鑽を積んでいます。

とともに、兄の牧場だけでなく岩手県南部に広がる複数の牧場から自分が求める条件に合った枝肉を買ってきて、それらに独特の熟成（エイジング）をかけることで「門崎熟成肉」というブランドにしてお客様に提供しています。

店舗としては一関に2店舗（焼き肉店、ハンバーグ店）、被災地の陸前高田に1店舗、そして東京では六本木に2店舗（焼き肉店、ステーキハウス）、桜台、富ヶ谷に各1店舗、計7店舗を構えるにいたりました。

生産から販売まで牛肉業界を守る

黒毛和牛に対する私の強みは、牛の目利きであった父と肥育牧場を経営する兄の姿を見ながら育ったことで、繁殖現場や肥育現場の生産者たちの事情や状況がわかり、美味しい肉の目利きであることです。また焼き肉店を経営することで、屠場から問屋、仲卸、流通、小売り、そして消費者の動向にいたるまで、牛肉業界の川上から川下までのすべての状況もわかります。

＊＊和牛の生産者の状況については第5章で詳述しましょう。

その強みを生かして、私は世界一の美味しさを誇る黒毛和牛の業界全体をもっともっと繁栄させていきたい。食べられるために生まれてきた牛や、労力を惜しまない生産者たちのためにも、黒毛和牛の魅力をさらに引き出し、お肉全体の付加価値を高めていきたいという思いが強くあります。結果的にそれが、消費者のみなさんに美味しい牛肉を食べていただくことにつながると信じているのです。

私の目指す牛肉に対する方向性は明確です。

1　追跡可能性（トレーサビリティ）があること

私は枝肉を見れば、その牛がたどってきた成育現場の様子や飼料の種類、生産者の手間のかけ方などがある程度推測できます。枝肉には、生産者の「思い」が詰まっているのですから、それを感じて読み解くことが必要です。

買ってくる枝肉は、性別にこだわるのはもちろんのこと、生まれてから屠畜されるまでの月齢や体重などにも条件をつけます。何よりも「門崎熟成肉」というブランドを背負うお肉にするためには、独自の熟成方法を行わなければなりません。熟成をかけて美味しくするためには、どんな肉でもいいというわけではありません。熟成に堪える、熟成にふさわしいお肉でなければならないのです。

その目利きをすることが、私の最大の使命です。本書では、「お肉を見分ける具体的なポイント」もご紹介しましょう。

2　継続性（サステナビリティ）があること

黒毛和牛の業界が繁栄し、これからも美味しい牛肉を消費者のみなさんに食べていただくためには、継続性が大切です。

黒毛和牛は、繁殖農家（出産から子牛まで）↓肥育農家（子牛から成牛まで）↓屠場↓市場↓問屋↓仲卸↓小売り↓飲食店といった流れで生産者から消費者まで届けられます。その中のどのパーツが崩れても、美味しい牛肉の安定的な供給は望めません。このサイクルを守るためには、お肉そのものに付加価値をつけて、一定の価格が維持されるようにしなければなりません。

単純に価格競争になってしまったら、チルド状態で輸入される「海外産の和牛」に席巻されてしまいます。黒毛和牛の種（精子）をブラックアンガス種に植えつけた「オーストラリア和牛」などは、国をあげてプロモーションを展開しています。日本以外の国では、「これが和牛だ」と認知されてもいます。

けれど海外産の和牛は、血統も違えば飼料も育てる手間も違いますから、脂の質がいまひとつだったり、赤身の肉の旨みが違ったりします。そういうライバルに、みすみす市場をとられるわけにはいきません。

私たちはあらゆる努力を重ねながら、消費者のみなさんに「やはり黒毛和牛は国産が世界一美味しい」「安心安全な食材だ」と納得していただかなければなりません。その努力のひとつが「熟成」であり、「部位の楽しみ」であり、「解体ショー」なのです。本書ではそうした牛肉本来が持っている魅力を存分に読み取っていただきたいと思っています。

3　地域活性につながること

海外に出てみると、日本の本当の魅力は地方（地域）にあるなぁと実感します。日本の各地域には伝統的な食材があり、それを食べる食文化があり、それを守ってきた生産者たちの美しい姿があります。私は牛肉を商いすることを通して、その地域の食文化を守っていきたいと思っています。

たとえば私の故郷一関には、クロメダカという絶滅危惧種が生き残っている田んぼで栽培される「めだか米」というお米があります。私の一関の店ではこの貴重なお米を譲っていただき、お客様に提供しています。

メニューに載っているサラダの野菜も岩手県産、お肉はもちろん「いわて門崎丑」か「いわて南牛」と呼ばれる地元のもの。さらに塩麴や醬油なども地元産のものを使っており、当店で食事をしていただくことで地元の生産者に利益が還元される構造になっています。

また一関市役所と連携して、六本木の格之進で定期的に「うまいもん！　まるごといちのせきの日」という食事会も開いています。首都圏の消費者のみなさんに一関の生産物を味わっていただき、ファンを増やそうという取り組みです。ここには市長や市役所農水部の幹部、また一関の生産者も参加します。

ここで一関の生産物を中心に生産者と消費者のコミュニティを作り、ときには一関を訪ねていただいて地元の人たちと交流も深めていただく。言ってみれば「クール一関」と呼べるような取り組みも続けてきました。

自分だけが儲かればいいのではなく、牛肉を中心として地域を活性化するビジネスモデルを展開すること。食材を通して地方（地域）と東京を結び、生産者と消費者を結ぶコミュニティを作ること。

それもまた、消費者のみなさんに美味しい牛肉、美味しい生産物を継続的に食べていただくための必須な取り組みだと思っています。私はこうした公益性の高いビジネス（以下、公益的ビジネス）を展開することで、地域に対しても貢献していきたいのです。その詳細は、「エピローグ」で語っていきましょう。

4　生産者を応援させていただく

こうした一連の取り組みを通して、私が目指しているのは生産者を守ることです。そうすることが、牛肉を愛する消費者のみなさんのためでもあるからです。

たとえば東日本大震災と福島原発事故の影響で、福島県飯舘村《いいだてむら》から千葉県山武市《さんむし》に避難しなければならなかった牧場がありました。震災前、飯舘村には約230軒の肉牛の生産者がいて約2600頭の黒毛和牛が飼育されていました。ところが放射線の影響で村全体が避難指示区域になり、たった一軒を残してすべて廃業してしまいました。

その一軒となった小林将男さんとわが家は震災前からおつきあいがあったので、私は小林牧場が千葉に移ってからもずっとお肉を仕入れ続けています。

私との取り引きが始まってから、小林さんは、それ以前は月齢28ヵ月程度で出荷していたのに、33〜36ヵ月まで肥育するようになりました。その結果小林さんは「今の肉のほうが赤身が美味しくて味も深くなった」と喜んでいます。最近では市場で最上級のA５等級に評価される牛も生産できるようになり、これまでの苦労がようやく実を結びつつあります。

私は「解体ショー」で小林牧場のお肉を使うときには小林さんもお呼びして、参加者に紹介するようにしています。お肉の生産者と消費者が直《じか》に会う機会はこうしたとき以外にはありませんから、貴重な交流にもなっています。

これはひとつの事例ですが、こうした取り組みを通して生産者を守ることが、ひいては美味しい牛肉を消費者に食べ続けてもらうことにつながります。本書では、そうした事例も紹介しながら、牛肉界全体の繁栄の道すじを語っていきたいと思っています。

「お客様のプロ」の批評眼

「うわー、この肉エロい〜」「赤身なのにすごく柔らかくて舌の上で融ける感じね」「うまいと言うかなんと言うか、すげーお肉だな〜」

解体ショーも佳境となり、「サーロイン」「ヒレ先」「みすじ」「リブ巻き」などの希少部位のお肉がテーブルに配られると、あちこちからさまざまな声が聞こえてきます。

この日私が注意したのは、しゃぶしゃぶということで、お肉の理想的な条件が崩れてしまわないようにすることでした。

普段私の店では、お肉は150〜200グラムの塊焼きにして、切り分けて食べていただいています。もちろんすべての工程をスタッフが行います。なぜなら、ただ塊で焼けばお肉が美味しくなるわけではありません。焼き方を心得たスタッフが塊焼きにすることによって、肉汁をお肉の中に閉じ込めます。焼き上がったときにお肉が風船のようにパンパンの状態になれば、嚙みしめたときに肉汁の美味しさが口の中いっぱいに広がります。そうやって初めて、至福のお肉体験をしていただくことができるのです。
＊塊焼きに関しては第4章で詳しく述べます。

ところがしゃぶしゃぶは、最初から肉を薄切りにしてしまうので、肉汁が外に出やすくなっています。それを防ぐために、鍋の中の出汁の比重を高くして、沸騰しない程度の温度で肉をしゃぶしゃぶして食べていただかなければなりません。もちろん火入れも、肉の色が少し変わり始めたレアな状態がいちばんです。

しゃぶしゃぶでお肉を美味しく食べていただくには、このようにいくつかのポイントがあります。それほどお肉とは、上品で繊細な素材なのです。

ポイントはほかにもあります。

「千葉さんのお肉は、切り方も上手だからしゃぶしゃぶも美味しいんだと思います」

そう言ってくださる常連さんもいました。お肉には繊維の筋がありますから、それに沿って切るのか筋に直角に切るのか斜めに切るのかで、お肉の味や食感がまったく異なります。また理想の厚さも、部位によって微妙に異なります。私たちスタッフは、そういう細部までこだわってお肉をカットしているのですが、そこまで見抜いているお客様がいることで、私たちもすべての工程に対して手を抜けません。私はお客様にこう説明しました。

「しゃぶしゃぶ用の薄切り肉を美味しく切り分けるには秘訣があります。私はこの肉を、手で切るようにしています。機械切りの場合は筋があってもなくても一定のスピードで切っていくので、お肉に対するストレスが部位によって大きく変化します。刃とお肉の摩擦が強いと脂が融け、それが表面に再付着して汚くなります。手切りならば繊維の強さによってスピードを変えられるので、肉にストレスを与えずに切ることができて、ひと味違うのです」

私の説明に、店の常連でＩＴ業界の天才プログラマーと呼ばれている清水亮さんは、こんな感想を語ってくれました。

「私はソフトウエアを開発していますが、出身がプログラマーなので、完成品を見ても内部のプログラミングが透けてみえます。千葉さんもお肉の肥育現場から流通まですべてを見ている人なので、焼き方や切り方ひとつとってもただの焼き肉店のオーナーとは全然違います。以前『右利きの牛は左半身の肉のほうが美味しいです』と言っていましたが、なるほどな～と納得しました。お肉のすべてが見えている人なのですね」

右利きの牛の話は半ば冗談で言ったのですが、天才と呼ばれるプログラマーには面白く聞いていただけたのでしょう。私には嬉しい感想でした。

あるいはやはり常連の佐々木直美さんは、こう語ってくれました。

「千葉さんのお肉は、他店の焼き肉と比べて、食べ終わったあとと翌日の体の状態がまったく違います。ある程度の量を食べても翌朝お腹がすくし、胸焼けもしません。お通じもいい。体が喜ぶお肉だと思います」

佐々木さんは大手メーカーの部長で、マーケティングのプロです。取引先との打ち合わせや接待を含めて月に昼夜で20回ほどは外食されている方ですから、その批評眼には厳しいものがあります。

こういう「お客様のプロ」の存在と批評に応えることが、「お肉の変態」の私の使命だと思っています。ひいては、焼き肉業界全体のレベルアップにつながることは言うまでもありません。私たちはこんな厳しい視線を常に浴びることで、日々精進していくことができるのです。

やがて時計は夜の10時を指し、しゃぶしゃぶ会も大団円を迎えるころになりました。最後はデザートかな？　とお客様たちが次の展開を期待したところで、私はあえて、スイーツの期待を裏切る演出をしてみました。

「えーっ、何これ〜」

お客様の悲鳴のような声の中で登場したのは、酢飯を盛ったおひつとピンク色のサーロインの薄切り肉。ここで以前寿司職人だったスタッフにより、たっぷりのうにを盛った炙り肉の軍艦巻きと、サーロインの握りが振る舞われました。

「イエーイ」

アルコールも入ったお客様たちからは、声にならない歓声が上がります。

このように、お肉はほかの意外な食材と組み合わせることで、よりいっそうの美味しさが生まれます。お寿司だけでなく、牡蠣《かき》とのコラボレーションも絶品です。本書では、第4章でそうしたお肉とほかの食材の相性も語っていきたいと思います。

さあ、これで準備は整いました。この解体ショーの中でも垣間見ていただいたお肉の魅力を、本書で存分に味わっていただきたいと思います。

世界一美味しい黒毛和牛の魅力とその秘密。

それが見えてきたとき、読者のみなさんにはきっと新しい人生が開けているはずです。

第1章　グルメも騙される誤解だらけの牛肉選び

Ａ５は美味しさの基準ではない

お肉の美味しさは何で決まるのか

ステーキハウスや高級な焼き肉店などに行くと、よく「当店は黒毛和牛のＡ５の肉を使用しています」という表示があります。肉好きな人たちの会話の中でも、「やっぱりＡ５は美味しいね」というような表現もみられます。綺麗な霜降りの柔らかなお肉、舌の上でとろけるようなお肉を指して、Ａ５と呼んでいる方が多いと思います。

でも「Ａ５のお肉は美味しい」というのは正しい認識でしょうか？　本当は、「Ａ」という記号や「５」という数字は何を示しているのでしょうか。

この格付けを決めている「公益社団法人日本食肉格付協会」によると、このように説明されています。

●「Ａ」が示しているのは「歩留等級」

生体から皮、骨、内臓などを取り去った枝肉の割合が大きいこと。つまり、同じ体重の牛でもたくさんの肉がとれる牛がA評価となり、以下B、Cと評価されます。

●「5」が示しているのは「肉質等級」

肉質については、4つの評価が行われます。

「脂肪交雑」「肉の色沢」「肉の締まりときめ」「脂肪の色沢と質」。この4項目の総合的な判断から、5段階で肉質等級が決まります。

- 「脂肪交雑」とは、霜降りの度合いを示しています。BMS（ビーフ・マーブリング・スタンダード）という判定基準があり、これによって評価されます。
- 「肉の色沢」は、肉の色と光沢の判断です。肉の色にはBCS（ビーフ・カラー・スタンダード）という判定基準があります。光沢については見た目で判断されます。
- 「肉の締まりときめ」は、見た目で判断されます。きめが細かいと柔らかい食感をえることができます。
- 「脂肪の色沢と質」は、脂肪の色が白またはクリーム色を基準に判定され、光沢と質を考慮して評価されます。

芝浦の市場で見ていると、天井に這うレールに吊るされた枝肉が、次から次へと検査官の前に流れてきます。そこで何人かの検査官が目視でこれらの項目をチェックして、「A５」とか「B４」といった赤い判子をポンと枝肉に押します（１０３ページの写真参照）。

これで枝肉の評価が決まるのです。なんともあっさりしたものです。はたしてこの評価基準の中に、お肉の「美味しさ」を示す尺度が含まれているでしょうか。

私はこの評価は、肉の分量とか見た目の美しさ、霜降りの入り方の基準にはなっていますが、決して「美味しさ」の基準にはなっていないと思っています。

正確に言えば、A５と評価されるお肉は、美味しいお肉であることが多いのは確かです。とはいえ、A５と評価されたからといって必ずしも美味しいお肉とは限りません。なぜなら、綺麗な霜降りでも脂の質が悪ければ美味しいお肉にはなりませんし、サシ（脂分）が入りすぎていると、食べたら胃がもたれたり、量を食べられなかったりする場合もあります。

つまりちまたで言われる「A５伝説」は、美味しさの「必要条件」ではあるのですが、「十分条件」ではないのです。

その理由を、肉牛の育てられ方から説明していきましょう。

「儲かる牛」と「美味しい牛」

市場でのお肉の値段の決まり方を見ていると、基本的には「重量×単価」であることがわかります。繁殖農家で育った10ヵ月前後の子牛を競る市場でも、屠場に隣接された枝肉を競る市場でも、電光掲示板に示されるのは「重量」です。それぞれの牛の健康状態や性質などという状態を見極めるのは牛を扱う目利き職人たちの仕事ですが、基本的に牛の評価基準は「重量×単価」です。それは、読者のみなさんがスーパーで牛肉を買うときも変わりません。

となると生産者にとっては、同じ期間、同じ量の飼料を与えたときに、より大きく育つ牛を育てたほうが高く売れる、生産効率がいいということになります。

そこで、肥育農家で好んで育てられているのは、体が大きくなる「オス牛」です。血統的にも、体が大きくなるものが選ばれます。

こうした牛は、「増体系」と呼ばれています。

そもそも日本古来の牛は、体があまり大きくならない種類の牛でした。但馬牛などはその代表です。牛は農耕のために使われることが多かったので、狭い畦道《あぜみち》や山道を歩くのに、体があまり大きくないほうがよかったという事情もあったようです。

ところが明治以降、日本の牛も肉牛として育てられることになって、政府は体の大きな牛の育成を奨励しました。海外の体の大きな牛（ショートホーンやブラックアンガスなど）と掛け合わせて、体が大きくなる生産効率のいい種類を作ったのです（その後外国産の牛との交配は行われなくなり、長い時間をかけて和牛は純血に戻っています）。

その中でも、体が大きくなるオスの去勢牛が肉牛の中心となり、あまり大きくならないメス牛には高値はつかないのが現実です。

とはいえ、お肉の味は、体の大きさには比例しません。

たとえば、松阪牛の中でも6パーセント程度の割合でしか出荷されない黒毛和牛の超高級ブランド「特産松阪牛」は、今でもすべてメス牛です。２０１４年12月から「米沢牛」もすべてメス牛だけになったと聞きました。体の小ぶりなメス牛のほうが美味しいからです。

なぜなら、体が大きくても小さくても一頭の牛の細胞の数には違いはありません。体が大きな牛のひとつひとつの細胞は体積が大きく、小さな牛の細胞は体積が小さい。つまりメス牛のほうが、同じ１００グラムのお肉の中に細胞が多く含まれていて、その分旨みがぎゅっと凝縮されているからです。

だから、同じ条件で育てられたら、体が小さなメス牛のほうが美味しいというのがこの業界での定説です。増体系のオス牛も、生後間もなく去勢されます。男性ホルモンを排除して女性化させたほうが、美味しくなるからという理由です。

とはいえ、「儲かる牛」ということを考えると、重量が増える増体系のほうが有利です。現在では、上記のふたつのブランドを中心に古くからあるブランド牛はメス牛が中心ですが、昭和の後半から広まった中興ブランド地域では、オスの去勢牛が飼育の主体となっています。その時代からは、去勢牛を中心に飼育させるというのが国の方針でしたし、生産者のあいだでも、大きく育てて高く売るという経済原理が働いてきたからです。

だから「美味しい牛」を作るということは、常に経済原理との闘いであると言っても過言ではありません。

和牛と国産牛はまったく別もの

では、美味しいお肉を作るための条件は何なのでしょうか。

それは「血統×月齢×飼料」であるというのも定説です。

第1の条件である「血統」で言えば、「和牛」であることが大前提です。

プロローグでも書いたように黒毛和牛は追跡可能性（トレーサビリティ）がありますか

ら、「血統証」を見れば祖先の血統までたどれます。全国には黒毛和牛の種牛《たねうし》の登録機関があり、そこに登記された種牛から生まれた牛の子孫であることが、美味しいお肉の条件です。

ここで、あらためて和牛の４種類を紹介しましょう。明治期になって、日本古来の牛に外国産のさまざまな品種を交配して品種改良が行われ、日本人の嗜好にあった肉専用種として現在の「和牛」が生まれてきました。

●黒毛和種

日本の和牛の90パーセント以上を占める肉質に優れた種。明治時代末期にシンメンタール種やブラウンスイス種などの外国種との交配を重ねて生まれてきた。肉質は赤身にまでサシが入っているのが特徴で、脂の風味もよい。筋繊維が細く、脂肪が筋繊維のあいだにまで入りやすい。肉種としては小さい部類。

●褐毛《あかげ》和種

肉質は黒毛和種に近く、赤身が多く脂が少ない。熊本県、高知県で肥育される赤牛にシンメンタール種と朝鮮牛を交配して生まれてきた。現在では熊本県や高知県のほか、北海道、東北地方でも肥育されている。成長が早く体が大きく育つ。性質はおとなしい。

●日本短角種

おもに東北地方で肥育されている。肉質は赤身が多く柔らかい。南部牛にイギリスのショートホーン種を交配して生まれてきた。手間がかからず成長が早い。放牧に向いている。現在は北海道、岩手県、青森県、秋田県などで生産されている。

●無角和種

山口県阿武郡産の在来種とアバディーンアンガス種を交配して生まれてきた。肉質は赤身が多め。成長が早く歩留りがいい。

ちなみに、スーパーの店頭や大衆的な焼き肉店でよく見かける「国産牛」と表示された牛肉は、「和牛」とはまったく異なるものです。品種に関係なく一定期間日本国内で肥育された牛のお肉の総称です。

外国で生まれた牛でも、日本での肥育期間が長い場合は「国産牛」と呼ばれます。乳用牛のホルスタインのオス牛や、ホルスタインと和牛を交配した交雑種も「国産牛」と表示されます。和牛のような美味しさは期待できません。

肥育期間が長いと味がよくなる

ふたつ目の条件は、「肥育月齢」です。ここでも経済原理が働きます。「儲かる牛」として育てるためには、早く大きくして早く売ったほうが手間賃も飼料代も安く済みます。繁殖農家から月齢10ヵ月の子牛を買ってきた肥育農家が、さらに20ヵ月育てるのと25ヵ月育てるのとでは、前者のほうが経済的です。20ヵ月で大きく育つように、体が大きくなるオスの去勢牛を選び、飼料の設計も考えて、早期育成をするわけです。

ところがお肉の味ということになると、やはり長期間肥育された牛のほうが美味しいというのが定説です。

通常肥育農家では、子牛を育てる期間は4期に分けられます。「腹（胃）作り期」「骨格作り期」「肉作り期」「脂作り期」。それぞれの段階でじっくりと手間隙かけて育てられた牛は、しっかりと身が締まって、脂の質も美味しくなります。

だから「プロローグ」で述べたように、私が月齢32ヵ月以上（繁殖農家で10ヵ月＋肥育農家で22ヵ月以上）の牛にこだわるのはそのためです。

３つ目の条件は、「飼料」です。

通常は、生産者は飼料メーカーから届く飼料を与えていますが、熱心な生産者は必ず自分でひと手間ふた手間かけてオリジナル飼料をブレンドしています。

そういう飼料を食べて育った牛は、内臓が丈夫になって、食べても美味しいのです。

もちろん、すでに書いた4段階の肥育期間では肥育する目的が違いますから、与える飼料も違ってきます。どの段階でどの飼料をどれくらい与えるかで肉の味は変わります。

通常では、初期にはビタミンAが豊富な乾燥牧草やイタリアンライグラス、稲藁などを豊富に与えます。途中でビールの酵母やとうもろこしなどを使った発酵飼料を適宜配合する場合もあります。そのほうが消化がいいからです。あるいは大豆やもち米、普通のお米を混ぜて与えることもあります。

飼料の設計は、生産者がどんな牛を育てたいかという「思想」の表れです。だから、農家によってさまざまな特徴があります。早く体を大きくして早く出荷させたいと考える生産者と、じっくり育ててしっかりとした肉質にしたいと考える生産者とでは、与える飼料が違います。

じっくり育てるために設計された飼料を与えながら、肥育農家でしっかりと22ヵ月以上育てられた牛、理想的には生まれてから32ヵ月以上肥育された牛が私は美味しいと思っています。

格付け「5」の霜降りの作り方

さて、お肉の値段を決める「重量」と「単価」のうち、単価を決めるのはおもに「霜降り」の度合いです。格付けで「5」の評価を得れば、単価は上がります。そこで生産者はより多くのサシを入れようとやっきになります。

「霜降り」の牛を作りたい場合には、肥育の最後の仕上げである「脂作り」の期間になったら飼料の中のビタミンAの分量を減らしていきます。すると牛は栄養が偏って不健康な状態になっていくのですが、サシは綺麗に入ります。さらに食欲を増すようにマッサージをしたり、リラックスするようにビールを飲ませたりもします。

この状態を続けていくと、最終的に牛は肝硬変になったり糖尿病になったりする場合もあります。つまり霜降り牛を作るということは、牛の内臓とのギリギリのせめぎ合いなのです。そこまでして作られた「綺麗な霜降り」の脂分は美味しいのか？　という疑問も出てきそうです。

美味しい脂とは「粒子が細かい」「融点（融けだす温度）が低い」などの特徴を持つ脂だと言われています。脂の粒子の細かさは、与える飼料によって差が出てきます。とうもろこしなどを多く与えると、粒子は細かくなります。融点に関しては、メス牛のほうが低いのです。

このように、「綺麗な霜降り」にする作業と、「美味しい霜降り」を作る作業とは質が異なります。前者は「儲かる霜降り」にはなりますが、必ずしも「美味しい霜降り」になるとは限りません。生産者がどんな思想でその牛を飼っているか。どんな設計の飼料を与えているか。それによって、「美味しい霜降り」ができるか「儲かる霜降り」ができるかに分かれるのです。

流通や小売りの事情が味を決める

旨い肉を知っているお肉屋さん

また、時流の変化により流通や小売りの事情もお肉の味を歪めています。

そもそも明治期になって食べられるようになった牛肉は、高級食材でした。着物や家具と同じように、消費者の嗜好に合わせて職人が選んで、作ってくれる「あつらえ商品」だったのです。

その流れをくんで、今でも老舗《しにせ》のお肉屋さんに行くと、つきあいの長い顧客に対しては「今日はいい部位が入っていますよ」「ご主人にこのお肉はどうですか？」といった具合に、お客様の好みをあらかじめ把握していて、それに見合ったお肉を売ってくれるはずです。

みなさんの住む町には、そのように対面販売をする個人商店のお肉屋さんは、今もあるでしょうか？

本書を執筆するにあたり、私はそんな対面販売をしている東京都杉並区西荻窪にある老舗のお肉屋さん「西島畜産」にうかがってみました。駅から歩いて5～6分。バス通りに面した間口の広いお店です。

創業は昭和2年（1927年）、現在のご主人西島昭雄さんは3代目にあたります。

西島さんは、お客様との関係についてこう語ってくださいました。

「長年お買い上げいただいているお客様の嗜好は、だいたい把握しています。会話の中から、『この方は赤身が好きだけれどある程度サシが入っていないと駄目だな』とか、『この方は去年お正月にローストビーフを作るのにランプ肉を買って喜ばれたので、今年も同じ部位を用意したほうがいいな』とか、できるだけお客様の好みに合わせるようにします」

みなさんもお住まいの町で、対面販売しているお肉屋さんを探してみてください。そこで自分の好みを言って、どんな料理に使いたいのか、どのくらいの予算なのか、何人で食べるのかなどを相談すれば、的確なアドバイスをもらえるはずです。

大切なのは、何回も通うこと。そして「前にいただいたお肉はこうでした」と感想を添えるようにすること。そんなやりとりを続けていけば、西島さんのように核心をついたアドバイスをもらえるはずです。

店員さんとの会話が弾むようになれば、あなたもお肉の通《つう》になった証拠です。

ところが現実を見ると、営業時間の問題や、ほかの食材（野菜や惣菜など）も合わせて買いたいという利便性の観点から、個人商店を利用するのはなかなか難しいという方が多いと思います。仕事帰りに寄って素早く買い物ができるスーパーや百貨店が便利だという方は少なくないでしょう。そういう生活スタイルが定着したことで、流通や小売りの現場も変わりました。

スーパーではオスの去勢肉が多い

スーパーでは、売り場に職人がいることが少なくなりました。売り場でお肉を扱うのがパートさんだったりアルバイトだったりする場合が多いので、問屋から枝肉を仕入れて細かな部位に切り分けて売るなどということは到底できません。顧客の好みを熟知している職人が肉を「あつらえて」売ることも不可能です。

スーパーに入ってくる段階でお肉は切り分けやすいように塊になっていて、売り場のバックヤードではそれをカットしてパック詰めするだけです。あとはお客様がそれを自分の目で見て判断して、買っていくことになります。

そうなると、小売りの現場は「美味しさ」は二の次で、「見た目」が勝負となります。その証拠に、スーパーで扱う肉のほとんどはオスの去勢肉です。なぜなら去勢肉は脂の融点が高くて融けにくく、3日間程度ショーウインドーに入っていても肉のピンク色が比較的変わりにくいからです。メス牛は脂の融点が低いので、3日目になると表面が暗い色合いになってしまいます。

野菜と同じで、味は変わらなくても曲がったキュウリよりも真っ直ぐなキュウリを買いたいという消費者心理があります。肉色の綺麗なほうが鮮度が高いと思う人が多いのか、スーパーの店頭では去勢肉のほうが好まれる傾向があります。

融点の違いは、店員の作業にも影響します。融点の低いメス牛の肉は、肉のトリミング(肉と筋を分ける作業)などをしているときに、手さばきが悪いとどろどろに融けてしまいます。特に夏場では、スライスしているときにお客様との対応などで1〜2分放っておくと、表面が融けて商品価値が一気に下がります。それほど繊細なものなのです。

対して去勢牛は融点が高いので、すぐに脂分が融け出すということはありません。取り扱いが楽なのです。

またお肉をパック詰めするときも、作業はマニュアルでこなさなければなりません。ひとつの塊から何パックとらなければならないという基準は、現在の主流である大きく育てる増体系の牛を基準にできていますから、結果的にメス牛よりも増体系の牛がより多く使われるようになります。

つまり小売りの現場でも、「美味しい肉」よりも「扱いやすい肉」が好まれるわけです。

ブランドは「氏より育ち」

では、巷でもしばしば語られる、牛肉のブランドとは何を意味しているのでしょうか。

すでに述べましたように、牛は生まれてから成体になるまでに、一般的には繁殖農家と肥育農家を経由してきます。誤解してはいけないのは、ごく一部のブランド牛を除いて、肥育農家は全国どこの繁殖農家からでも子牛を買ってくることができるということ。つまり、ブランド牛だからといって、その牛が現地の繁殖農家で生まれたとは限らないのです。

その牛が屠畜されて出荷されるとき背負うブランドも、その牛が生まれた地域名ではありません。生まれてから屠畜されるまでのあいだで、いちばん長く飼われた農家がある地域のブランドを背負うことになります。

通常ならば繁殖農家では10ヵ月育てられ、肥育農家では20ヵ月前後育てられますから、牛は肥育農家がある地域のブランドを背負って出荷されます。つまり牛のブランドは「氏より育ち」なのです。

そのうえで、全国の４大ブランド（神戸、松阪、近江、米沢）はどんな定義をしているか、その概略を見てみましょう。

●神戸牛

兵庫県産の但馬牛を素牛としてＢＭＳ値６（等級表示では４）以上、歩留りＡ、Ｂ等級、枝肉重量がメス牛は２３０〜４７０キロ以下、去勢牛は２６０〜４７０キロ以下。

●松阪牛

三重県雲出川《くもずがわ》以南、宮川以北の地域で肥育日数５００日以上のメス牛（処女牛）。松阪牛個体識別管理システムに登録された黒毛和種。生まれてから出荷までにおいて、この区域で肥育期間が最長で最終であるもの。さらに特産松阪牛となると、兵庫県但馬地方から厳選した生後８ヵ月の子牛を、９００日以上肥育したもの。

●近江牛

滋賀県内で肥育された黒毛和種で、メス牛、去勢されたオス牛。

●米沢牛

置賜《おきたま》地方で米沢牛銘柄推進協議会が認定した肥育者が登録された牛舎において、18ヵ月以上継続して肥育したもの。生後30ヵ月以上の4、5等級。32ヵ月以上であれば3等級も可。黒毛和種の未経産メス牛。

つまり、地域によってブランドの定義には違いがあります。枝肉になってから評価される格付けによってブランド化するところもあれば、肥育農家での肥育日数に条件をつけたものもあります。

一般的に言って、有名ブランド牛の産地は盆地で冬寒く夏暑い気候であり、水が軟水という特徴があります。米の育成と一緒で、寒暖差が激しく水が美味しい地域で美味しい肉牛が育つと言われています。

農家から直接購入する時代に

このようにブランド牛の定義を見ていくと、お肉の美味しさを決める条件である「血統×月齢×飼料」のうち、血統と月齢にはある程度規定はあるものの、飼料に対しては厳格な決まりはないということがわかります。

もちろん地域によって、「組合指定の飼料を与えること」と決まっているところもありますが、それはベースとなる飼料を意味しています。美味しいお肉を作るためには、すでに述べたように発育の各段階でベースの飼料にプラスして、必要な栄養素が含まれている特別な飼料を与えなければなりません。それについては何の規定もありません。

つまり厳密に言えば、同じブランドのお肉でも、飼料の配合が異なる肥育農家で育てられた牛は、お肉の質や味には差があるということです。

私は最近、岩手県のブランド牛、前沢牛のとある肥育農家の作業員の休憩所で、こんな張り紙を見ました。

「肉屋さんが枝（肉）を買う際、どの農家で作った肉かで選ぶのが主流になる時代がくる。質にこだわる、脂の質が美味しさの質、コザシでも、ももヌケのよい肉作りを目指す」

ここで書かれているコザシとは、霜降り具合が小さいという意味。ももヌケとは、ももにもサシが入っている状態を言っています。

つまりここには、従来のようにロースの部分を中心にサシが大胆に入った霜降りではなく、むしろ控えめな霜降りで、本来赤身であるもも肉のほうに脂分が乗った肉づくりを目指そういうことが書かれています。

この農家では、この目標を達成するために、発育段階で飼料の配合を変えたり、発酵飼料を使用したりしています。

現在の最先端の生産者が目指しているお肉づくりの理想はここにあり、早晩これが美味しいお肉の基準になっていくはずです。同時にそれは、ここに書かれたようにお肉は「農家ブランド」で選ばれる時代になるということでもあります。


これを読みながら、私はワインのことを思わずにいられません。

歴史的に見てワインも、日本の家庭に広まり始めた当初は、高級ワインも「フランス産」「イタリア産」程度の認識でした。それがいつのまにか「ブルゴーニュ産」「ボルドー産」「トスカーナ産」と地域指定になり、さらには「特級（グランクリュ）」「一級（プルミエクリュ）」「シャトー」といった格付けに興味は深まっていきました。もちろんそこにヴィンテージ（生産年）情報も入ります。

さらに現在では、たとえば産地は「ブルゴーニュ」、ドメインは「モンラッシェ」、等級は「グランクリュ」、さらに「生産者は誰なのか」「ブドウの栽培方法は有機なのか」といった細部まで語られるようになっています。

また産地も世界中に広まり、アメリカ・カリフォルニアや南米からも希少価値の高いワインが生まれています。国内でも素晴らしいワインが生産されるようになってきました。

そういう新しいブランド産のワインが、持っている味覚の力で、フランスやイタリアの老舗ブランドを脅《おびや》かすようになってきたのです。

お肉についても同じことが言えると思います。

これまでは4大ブランドや、前沢牛、佐賀牛、飛騨牛などの中興ブランド、そして私が手がけてきた「いわて門崎丑」のような新興ブランドがしのぎを削ってきましたが、舌の肥えた消費者は、単に地域ブランド名を表示しただけでは満足しなくなってきています。

同じ地域ブランド内でも、農家ごとにお肉を判別して、自分の味覚を基準にお肉を選ぶような消費者も出てきました。あるいは地域ブランドは背負っていなくても、信頼できて顔の見える生産者から、ネット通販を利用して直接購入するようなケースも生まれています。

つまり前述の張り紙にもあったように、地域ブランドよりも生産者（農家）ブランドの時代がやってきていると思うのです。

「個体識別番号」からネット検索

では、一般の消費者はどうやって農家の情報にたどり着けばいいのでしょうか。

情報源のひとつとして、黒毛和牛につけられた「個体識別番号」があります。最近ではスーパーの和牛パックにも「個体識別番号」が表示されています。これをスマートフォンなどで独立行政法人「家畜改良センター」サイト（https://www.id.nlbc.go.jp/top.html）から確認すれば、生産者（農家）名や月齢は一目瞭然です。好みのお肉と出合えたら、その生産者を選別して、ネットなどを利用すればお肉を購入することも可能でしょう。

小売店でも、老舗の店などは特定の農家（あるいは問屋）から仕入れているケースが多いので、自分の好みのお肉を見つければ、それを継続的に購入することもできます。

焼き肉店やレストランを選ぶときにも、その店のオーナーがどんなポリシーでどの農家（問屋）からどんなお肉を仕入れてくるかを確認してみてください。

お肉屋さんの店頭や焼き肉店でも、お客様同士でレベルの高い会話が交わされるようになりました。

「わが家では、A3かA4のお肉で、ももの部分の赤身に美味しいサシが入ったお肉が好きです」

「メス牛で月齢が32ヵ月以上のお肉が美味しいと思います」

「それに熟成がしっかりとかかっていたら言うことはありません」

このレベルのお客様は、和牛に対するしっかりとした審美眼を持っている方たちです。


あるいは血統にこだわる小売り業者もいます。

すでに紹介した西荻窪の「西島畜産」では、店頭に、仕入れた牛の「血統証」が掲示されています。ご主人の西島さんが血統に詳しく、「枝肉を見ればその牛がどんな種牛の子孫かだいたいわかる」というほどです。

「お歳暮やお中元用に注文を受けたときは、お肉をお客様にお届けする際に、血統証もコピーして添えるようにしています。そうするととても喜ばれます」

と語ります。ときにはお客様から感謝の電話が入ることもあるとか。

このように今日《こんにち》では、牛肉選びは新しいステージに入ろうとしているのです。

資金不足で偶然知ったメス牛の味

さて、このような黒毛和牛の「真実」を知っていただいたうえで、現在私が市場から買っている枝肉の条件をお話ししましょう。

その前提となるのは、「門崎熟成肉」のブランドで売るために、枝肉の状態で「枯らし熟成」を30日から60日間、その後骨を外してから真空パックに詰めて「ウエットエイジング」を20日間以上、合計50日から80日間以上の熟成に耐えられる牛でなければならないという条件です。

この条件を満たす牛として現在私が選ぶ枝肉は、メス牛で月齢が最低でも32ヵ月、そして枝肉の重量が３００キロ台半ばのものが理想です。市場で見ていると、Ａ５の評価を得た枝肉で重量が５００キロを超える大きなものも出てきますが、そういうお肉はたいてい大味です。魚と同じで、大きければいいというわけではありません。牛にも適切なサイズというものがあるのです。

格付けで言いますと、赤身の熟成肉にこだわるならば、Ａ４かＡ３あたりがいいと思っています。増体系の去勢のＡ５のお肉は、霜降りの脂がきつすぎるというお客様が増えてきました。

こうした条件で購入した枝肉にじっくりと熟成をかけます。お客様には肉質が柔らかくなり風味を醸し出してから食べていただきたい。私はそう思ってお肉を選んでいます。

このようなお肉の選び方になった背景には、逆転の発想がありました。

一関に1号店をオープンした1999年ころは、資金が潤沢にありませんでした。そこで状況に合わせて、枝重量の見込めない小柄なメスの仔牛を買わざるを得ませんでした。ところがそれをじっくり32ヵ月程度肥育して屠畜してみると、美味しいお肉になっているということに気づいたのです。

とはいえ、メス牛の肥育はオスの去勢牛よりも手間がかかります。メス牛には発情期もありますし、牛同士のいじめなどが陰湿で常に目配りも必要です。さまざまな意味で、立派な成牛に育てるには生産者の能力や気配りが必要なのです。

そうやって手間をかけた分だけメス牛のほうが美味しいお肉になることがわかり、以降私はこの条件にこだわるようになりました。

みなさんもお肉を買うときに、メス牛かどうか店員さんに聞いてみてください。老舗のお肉屋さんに行けば必ず答えてくれるはずです。お肉の識別番号が表示してあるお店もありますから、スマートフォンなどでネットを使って確認すれば、その牛の性別も月齢も育った農家もわかります。

レストランや焼き肉店で食事をするときには、A5であるかどうかよりも、メス牛であるか、どの農家(あるいは問屋)から仕入れたものであるかがポイントです。それを確かめたうえで、美味しいお肉だったら店の人に「美味しかった、また食べたい」と伝えてください。そうすれば、店のオーナーもそのお肉を続けて仕入れてくれるはずです。

このように、美味しいお肉と出会うためには、まずは消費者のみなさんの目と舌が肥えることが大切なのです。

肉通を増やした焼き肉の流行史

誰がお肉の流行を決めるのか

さて、美味しいお肉とひと口に言っても、ファッション同様お肉にもさまざまな流行があることをみなさんはお気づきでしょうか。

昨今では「熟成肉」が大きなムーブメントになっています。このことは次の第2章で詳しく述べますが、実はこのブームにはあるからくりがあります。

熟成のことを、昭和の中期から肉屋を営んでいる肉業界の大先輩に聞くと、「熟成なんて昔からやっていたよ。でも『熟成』という言葉を使わなかっただけだ」と教えてくれました。日本では、「肉を干す」とか「枯らす」と言っていたのです。

この例に限らず、新しい言葉や概念が生まれることで、昔から当たり前にあったことがにわかにブームになることが往々にしてあるものです。

ここでは、ブームをとおして定番となった美味しい肉とブームの裏側を述べていきましょう。

いずれにしてもお肉の流行は、消費者のお肉に対する経験値が上がり、もっと美味しいお肉が食べたいという欲求から生まれるものです。もっと美味しいお肉はどこにあるのか、どういう食べ方が美味しいのかという好奇心が次のブームを生み出し、新しい流行を育てます。つまりお肉の流行史は、日本の消費者の成長史と言って過言ではありません。

振り返ってみると、私が焼き肉店を開業した1999年ころは、「黒毛和牛」と言ってもぴんとくる人はあまりいませんでした。私は店頭に、こんな張り紙を出しました。
「素材にこだわり、当店直営の牧場より食べて美味しい安心な『いわて和牛』をお客様に――」

素材、こだわり、直営、安心といった言葉が、お客様に受ける時代だったのです。「黒毛和牛」であることをうたうようになったのは、もう少しあとのこと。私にとってはお肉の流行は、この張り紙からのスタートになりました。

【処女牛ブーム】

1999年ころ、焼き肉店のメニューには「処女牛」という言葉が載っていました。つまり、メス牛の未経産牛であることが、美味しい牛の代名詞だったのです。

今から思えば、なぜこんな言葉がことさらに使われたのか首をひねるばかりです。もともと経産牛のお肉は屑肉と言われていました。何度かお産を経験した牛ですから、再び肥育しても本来の味には戻りません。つまり焼き肉店では、オスの去勢牛かメスの「処女牛」のお肉が使われることは、いつの時代でも当たり前のことだったのです。

ところが消費者にとってキャッチーで説得力があったのか、「処女牛」がブームとなりました。冷静に考えれば、処女牛であることは美味しいお肉であるための「必要条件」であり「十分条件」ではないのに、いつのまにか「処女牛=美味しい」となってしまったのです。

私は一関の田舎で「そんなこと言われてもね〜」と苦笑するばかりでした。

ちなみにこれは、前述のように「A5伝説」にも言えることだと思います。A5の評価を受ける肉がいい肉であることは言うまでもありません。けれどそれは美味しいお肉であるための「必要条件」ではあっても「十分条件」ではありません。そのことを正確に伝えないと、消費者を騙すことになってしまいます。

お肉の流行は、それほど脆《もろ》いものでもあるのです。

【一頭買い、希少部位ブーム】

２００５年ころには、「一頭買いブーム」、そして「希少部位ブーム」が生まれました。東京・恵比寿の「チャンピオン」というお店が流行らせたものです。

すでに書きましたが、かつての焼き肉店では「カルビ」と「ロース」がメニューの主流でした。お客様のニーズに応じて必要な部位だけを塊で買ってきて、お店で切り分けてこの２種類にして出していたわけです。あのままだったら、お客様も焼き肉といえばこの２種類しかないと思っていたはずです。

ところが一頭買いブームがやってきて、店では「希少部位」も提供するようになりました。逆に言えば半身の枝肉を買ってきてしまうので、細かな部位も提供しないとそこだけ余ってしまうことになるからです。牛のうで肉には「とうがらし」「さんかく」「みすじ」といった部位があることを、このときお客様は初めて知ったはずです。そういう部位は高く売れたので、お店側もその美味しさや美味しい食べ方を説明するようになりました。

ちなみに東京で「一頭買い」「希少部位」のブームがやってきたとき、一関の私の店ではそんなことはもう何年も前からやっていました。東京と一関では情報発信力の差があったので仕方のないことだったのですが、「やっと東京でも一頭買いと希少部位の魅力に気づいたか」と思っていました。

【お任せコースブーム】

次いで2008年ころには、「お任せコースブーム」がやってきました。

細かな部位がメニューに並ぶようになると、お客様によってはいちいちオーダーするのが面倒だという人が増えました。また、一頭買いをしている店では、そういうコース設定にしないと細かな部位がさばけないという事情もあったはずです。

1999年の創業時から一頭買いをしていた私の店では、創業3年目ころから「5000円でお任せでやってよ」とオーダーしてくる人が増えだしました。売り上げの9割を「お任せコース」が占めたこともあります。

全国的には2008年ころから、「お任せコース」が人気となりました。

【赤身ブーム】

やがて人々の健康志向の変化からか、2009年ころから「赤身ブーム」がやってきます。Ａ５の霜降り肉はお腹に重たい、あまり量が食べられない、翌日まで胃もたれが残るといった声が聞かれるようになり、赤身をオーダーする人が増えました。Ａ４とかＡ３の肉で、赤身のももに適度なサシの入ったお肉などが好まれるようになったのです。
最近では、若いお客様でも赤身をオーダーされるようになっています。赤身ブームもすっかり定着したと言っていいと思います。

【熟成肉ブーム】

赤身ブームのもうひとつの牽引役は、２０１０年ころからにわかに勃興した「熟成肉ブーム」だと思います。これは第２章で詳述しますが、アメリカの高級ステーキハウスからやってきたブームです。
すでに書きましたように、私たちこの業界のプロから言わせると、日本でも以前から「枯らす」とか「干す」といった言葉を使って、同じような工程をお肉に施していたのです。その意味では新しい技術ではないのですが、「熟成」という言葉がついたことで、大きなムーブメントになっています。

【塊焼きブーム】

そして2011年あたりからは「塊焼きブーム」となりました。

これはお肉を大きな塊のままで焼いて、その後カットするという提供方法です。第4章で述べますが、こうして焼いたほうが肉汁がお肉の内部に充満して、嚙みしめたときに旨みが口の中に広がります。

この焼き方は、私が「格之進」で始めたものなので、元祖を名乗っています。

焼き方のコツを後述しますので、ご家庭でもぜひ試してその美味しさを味わっていただきたいと思います。

【熟成Tボーンステーキブーム】

2014年に日本にやってきた、「熟成肉の黒船」と呼ばれたステーキハウス「ウルフギャング」。そこからL字型の骨付きのサーロインステーキとT字型の骨付きのサーロインとヒレのステーキの熟成肉が大人気となり、現在大ブームとなっています。

日本で行われていたドライエイジングは、牛海綿状脳症（BSE）の影響で骨付きではありませんでした。２０１３年の5月末、日本が国際的に牛海綿状脳症（ＢＳＥ）の清浄国に認められた後、日本の開国を待っていた本家アメリカから「骨付きブーム」がやってきたのです。

熟成させるときに骨付きで行うと、お肉が骨というフレームで守られている状態なので、ストレスがかからずに美味しく仕上がります。アメリカでは熟成といえば骨付き肉が主流なのは、そこに理由があります。

格之進では、ウルフギャングがブームを起こす前に、六本木に出した新店「肉屋 格之進F」において、日本で初めて黒毛和牛の熟成Ｔボーンステーキを提供しています。ウルフギャングで使っているお肉はブラックアンガスですが、私は和牛の熟成Ｔボーンステーキを、国際都市六本木から世界に広める取り組みを始めていたのです。

通常、Ｔボーンステーキの単位は1キロ。骨と脂分を取り除けば、２〜３人で豪快に食べるには十分なボリュームです。

第2章　本物の熟成肉の見分け方

定義さえ曖昧な熟成方法

簡単に熟成肉は作れるのか

このところ、あらゆるシーンで「熟成肉」という言葉を見かけるようになりました。

某ファミリーレストランの店頭には、こんな旗がひるがえっています。

「熟成肉ステーキ始めました」

某焼き肉チェーンでは、使用するお肉を熟成肉にすることを発表しました。

「当チェーンの使用する肉を〇月より熟成肉に変えることにしました」

メディアのインタビューに答えて、レストラン関係者がこう語っています。

「お客様からのご注文は熟成肉に集まっています」、などなど。

さまざまなシーンで「熟成肉」という言葉が使われ、昨今ではすっかりブームとなりました。

情報サイトにおいても、「最も気になるグルメ」部門で、男性の全年代で「熟成肉」が第1位に輝いたり、熟成という工程と相性のいいとされる赤身肉を出す店がこの4年間で4倍に増えたり、「熟成肉」を扱う店が１年間で２倍に増えたりと、データの上からもこのブームのすごさがわかります（いずれも飲食店検索情報システム「ぐるなび」調べ）。

ところが、「お肉の変態」の私からすると、報道を見ても関係者の発言を聞いても、「熟成」という工程に関して本当にわかっているのか？「熟成」の意味を理解してそれを行っているのか？　と首を傾げざるを得ないことが多すぎるのです。

実は大きな問題として、日本の食肉業界では、「熟成」という言葉に対してしっかりとした「定義」がまだないことがあげられます。

アメリカからやってきた「ドライエイジングビーフ（ＤＡＢ）」に関しては「日本ドライエイジングビーフ普及協会」がその「定義」を出していますが、それ以外の熟成手法に関しては曖昧なままなのです。

その状況をいいことに、本当に美味しいお肉を提供したいから「熟成」という工程を選択しているのではなく、「熟成」と言えばお客様がやってくるから「アリバイ的に」そのような工程を使っている――、私にはそんな店が多いように思えてなりません。

言葉の定義がないままにブームがやってきて、多くの人がその本質を知らないままに言葉だけがひとり歩きしていく――そんな危うい状況が続いているのが現実なのです。

たとえば、メディアではこんな発言が報道されています。

「熟成肉は、脂肪分が少ない赤身肉をより美味しく食べるための調理法として登場しました」

ある検索サイトの担当者の発言ですが、すでに誤解があります。前述のように、熟成という工程は、日本の食肉業界では古くから行われていました。ただ「熟成」という言葉がなかっただけで、この工程は最近になって登場したわけではありません。決して新しいものではないのです。

熟成肉の4つのチェック法

また、冒頭の焼き肉チェーンの担当者は「今後は肉が凍る寸前の温度（チルド状態）に設定した冷蔵庫で2週間ほど寝かせて加工する」と発言しています。

このチェーンでは、アメリカからお肉を真空パックで輸入しています。その状態でチルドで寝かせるということは、「ウエットエイジング」という熟成手法になります。

問題は、この手法をとったからといってどれくらい味が変わるのか？　ということです。

そもそも熟成とは、お肉を寝かせるときの温度、湿度などの環境のコントロールだけでなく、それ以上に保管する室内で付着する「菌」の働きが大きいのです。菌がお肉に付着することによって黴《かび》が生え、それがお肉の状態に微妙に作用して、美味しいお肉となります。ところがウエットエイジングでは、真空パックしてしまうので、菌がつきません。なので熟成もそれほど進みません。

このチェーンでは、真空パックで「寝かせる」という熟成方法の効果を理解しているのでしょうか？　あるいはそのほかの熟成方法を検討したことはないのでしょうか？

私には疑問だらけの内容なのです。

少なくとも「熟成肉」に関しては、以下のような視点からのチェックがなければいけないと思っています。

①　熟成という工程は、どうやったらお肉が美味しくなるかを極めるためのもので、それにはリスクもともなう。手間も時間もかかるし歩留りも悪くなるので価格も高くなる。その覚悟があって行っているのか？

②　お肉の美味しさを表現するためには、単に熟成をかけただけでは駄目で、部位の選び方、カット方法、焼き方など、さまざまな手法と合わせてお肉への「思い」を一気通貫

する必要がある。それらがすべて準備されているのか？

③熟成には4つの手法がある。

「ドライエイジング」「枯らし熟成」「ウエットエイジング」「乳酸菌熟成」。

これらの中からお肉に合う手法を選び、または組み合わせながら熟成をかけていくことが必要。それをどの程度理解しているのか？

④ドライエイジングはホルスタインに向いている方法。牛の種類と熟成の相性をみる必要がある。そのことを意識しているのか？

それらを理解していただいたうえで、本章では熟成肉の素晴らしさを語っていきたいと思います。

元祖ニューヨークの熟成法を輸入

食肉業界において、「熟成肉」という言葉が今日ほど広く語られるようになったのは、そんなに古いことではありません。静岡で食肉販売会社を営む、業界では常に先進的な取り組みを行うことで有名な「さの萬」の佐野佳治社長が、ニューヨークで流行っていた「ドライエイジング」の手法を日本に持ち込み、２００９年に「日本ドライエイジングビーフ普及協会」を立ち上げたあたりから「熟成肉」という言葉が一般的になってきました。

ニューヨークでは、三十数年前からドライエイジングという手法が確立されていて、高級スーパーやステーキハウスではドライエイジングビーフ（ＤＡＢ）が扱われていました。

前述したように、２０１４年にはアメリカから熟成肉を扱うステーキハウス「ウルフギャング」が日本に上陸して話題になりましたが、ブラックアンガス種の牛に「ドライエイジング」をかけたＴボーンステーキを出して人気となっています。

ニューヨークのあるスーパーには、こんな言葉が書かれていたといいます（日本ドライエイジングビーフ普及協会ホームページから要約）。

「品質を重視した熟成は、その『やわらかさ』のみならず『香り』、そして飛び切りの『旨さ』と『味わい』をもたらしてくれる」

「熟成の最も大切なことは、単に『科学』でもなく『施設設備』によるものでもない。『肉屋』としての年月を積重ねた『熟練』によるもの。この経験と細心の肉への『こころづかい』が牛肉を味覚の粋へと導く。ドライエイジングビーフは『時を恩恵とした技術』である」

「ドライエイジング＝乾燥熟成」とは、チルド状態（0～1℃）の冷蔵庫内で真空パック詰めしていないお肉を2～3週間「寝かせる」ことを指しています。そのとき大切なのは、「温度」「湿度」「風」「菌」と言われています。

●温度は1℃前後。
●湿度は70～80パーセント前後。
●風は、庫内の温度と湿度を鑑《かんが》みながら、強い風を出すファン（扇風機）で風の調整を行うこと。
●お肉との相性のいい菌を木に付着させ庫内に置く。

この状態の中で寝かせると、前出の言葉のように「やわらかく」「香り」高く（ココナッツの香りがすると言われます）、「旨みと味わい」のある肉になるのです。

なぜ「ドライエイジング」をかけるとお肉が柔らかく美味しくなるのか。

現在のところ、その仕組みは科学的にすべてが解明されているわけではなく、前出の言葉のように、「経験と細心の肉への『こころづかい』」によって導かれた要素も大きいとされています。とはいえ一般的に「熟成」の仕組みには、以下のような複合的な要素が含まれていると考えられています。

お肉を入れた冷蔵庫の中に扇風機を入れて、温度１℃、湿度70〜80パーセントの条件で風をあて続けると、お肉の細胞の中にある「自由水」と呼ばれる水分が飛び、たんぱく質やミネラルが凝縮されます。

あるいは庫内の黴の菌も肉に付着し、黴が生えることによってお肉が外界と触れる総面積が増えるので、自由水を外に出す作用も強まります。

またお肉が本来持っていた酵素も、たんぱく質を分解して「アミノ酸」に変えていきます。生物学的には「自己消化」と呼ばれる機能です。

このようにいくつかの効果が重なって、ある研究によれば、40日間熟成されたお肉ではアミノ酸の数値は５〜６倍に増え、「うま味」「甘み」「風味」を示す数値も格段にアップしたという結果が出ています（日本経済新聞２０１４年４月８日付朝刊）。

「さの萬」の佐野社長は三十数年前にニューヨークの食肉店「ロベール」でこの技術と出会

い、以降ずっとその技術を学びながら日本への導入を考えていたと言います。長年の研究成果が実を結び、今日本でも「熟成ブーム」がやってきたのです。

古くからあった日本の熟成方法

このような熟成の方法は、実は日本の和牛でも古くから行われていました。ところが日本では、「熟成」という言葉が使われずに、業界内での常識として業界用語で語られていたために、一般に広まらなかったのです。

昔から「肉は腐りかけが美味しい」というのは、食肉業界では経験的に言われていたことでした。つまり「熟成」させるという技術は、経験的にあったのです。食肉業界では「熟成」という言葉に代わって、ごく普通に、「枝肉を枯らす」「肉を干す」などという言葉が使われていました。

「枯らし熟成」では、温度を1℃から4℃程度に設定した冷蔵庫内で、屠畜したばかりのお肉を枝肉のまま吊るして、3～4週間放置しておきます。扇風機で風こそ当てませんが、古い庫内にはお肉にふさわしい菌が自然に繁殖していて、それがお肉に付着して、自由水をゆっくりと引き出す効果があるのです。

このとき大切なのは、骨をつけたままの枝肉状態で「枯らす」ことです。

それは、お肉にストレスをかけないためです。本来お肉は骨＝フレームに守られた状態で存在しています。枝肉になる過程で表面の皮は剝《は》がされますが、皮下脂肪はそのまま残っています。肉を骨から外すときには、つかんだり引っ張ったりしますから、お肉にストレスがかかり、細胞の中の自由水が動いてしまいます。すると腐敗の原因になります。

そういう負荷をお肉にかけずに、より自然な状態で「枯らす」ために、枝肉の状態で吊しておくこと。それが古来からの、お肉を美味しくするための日本人の知恵だったのです。

熟成の定義があるのは1手法のみ

現在、業界内で行われている熟成には、４種類あります。

「ドライエイジング」「枯らし熟成」「ウエットエイジング」「乳酸菌熟成」。

「ドライエイジング」と「枯らし熟成」の手法はすでに述べました。

「ウエットエイジング」は、枝肉状態のお肉を骨から外して真空パックに入れ、ゆっくりと熟成をかける方法です。枯らし熟成をかけたあとでウエットエイジングをかけると、熟成がゆっくりになる（抑えられる）という効果もあります。

す。

「乳酸菌熟成」は、熟成の過程で乳酸菌をつけて、その酵素の力を借りて熟成させる方法です。

いずれの方法でも、お肉に含まれるたんぱく質がアミノ酸に変わる効果があります。それぞれ職人たちが経験と研鑽によって、牛種に合わせ、より美味しいお肉を作るために試行錯誤の末に編み出した方法です。

問題は、この4つの熟成手法の中で、しっかりとした定義があるのが「ドライエイジング」だけだということです。「日本ドライエイジングビーフ普及協会」では、以下のようにその条件を定めています。

●肉の取り扱いはチルド状態で行う。真空パックでのドライエイジングは認めない。
●品質の劣る肉での取り扱いはしない。
●管理台帳による管理の徹底。

「ドライエイジング」以外の「熟成手法」に対しては、現在のところ関係団体などで「こうでなければならない」という定義はありません。

たとえば、前に述べた「今後は熟成肉を使用する」と発表した某焼き肉チェーンの場合、「真空パックをかけてチルド状態で２週間寝かせるから熟成肉だ」と言っています。確かにこの期間、お肉の中ではたんぱく質がアミノ酸に変わる工程が進みますから、熟成ということに間違いはありません。この方法は前述の「ウエットエイジング」にあたり、これならば水分が飛ばないのでお肉の重量が減ることはなく、歩留りやコストパフォーマンスが悪くなるということもありません。チルド状態で２週間寝かせる程度のことですから、手間や保存コストがそれほどかかるというわけでもありません。それで「熟成肉」をうたえるならば、お客様へのアピールにはなります。

とはいえ、通常「ウエットエイジング」は、むしろ熟成を抑えるために使われる手法です。チルド状態で真空パックに詰めたお肉を保管すれば熟成と呼んでいいということになれば、解凍した状態で売れ残って冷蔵庫に保管されているお肉は、すべて熟成肉ということになってしまいます。この作業を加えることで、お肉がどれだけ美味しくなるのか、お客様に味の変化がどれほど理解してもらえるのかは、私には定かではありません。

このように、現状ではしっかりとした定義がなされないままに、「熟成」という言葉だけがひとり歩きしてしまっているケースが多々あります。熟成の定義をしっかりと作ることが、今後の食肉業界の課題であることは間違いありません。

こういう状況に対して、芝浦の東京都中央卸売市場食肉市場で食肉卸売事業を営む吉澤畜産の吉澤直樹社長は、こう語っています。

「熟成という定義が曖昧なままですから、現在はいろいろな手法が混乱している状況です。まず、日本とアメリカでは熟成の文化や環境が違うということは押さえておいたほうがいいと思います。両国を比較すると、牛の品種も気候風土も湿度もあまりに違います。ドライエイジングという手法も同じにはできません。アメリカの牛肉はおもにブラックアンガス種ですから、エイジングをかけるなら霜降りでないと美味しくないと言われています。対して黒毛和牛の場合は、霜降りよりも赤身のほうがエイジングをかけると美味しくなる。それは牛の種類が違うからです。また日本の場合は、肉が固くなってしまった経産牛を食べるために熟成をかけるというケースもあります。熟成は、安いお肉に付加価値をつけるためのひとつの方法でもあるのです」

本物の熟成肉は高価で当然

本来熟成肉は、「どうやったらもっとお肉が美味しくなるか」という、極めて贅沢な思想から生まれてきた手法です。ことに「ドライエイジング」の場合は、お肉に含まれる水分（自由水）が飛ぶのでお肉自体の重量は減ります。また黴が生えるので、お肉を削ったり（トリミング）、掃除したりしないと食べられません。

そうするとお肉の重量は減りコストパフォーマンスは悪くなるので、消費者のみなさんには、普通に食べるお肉に比べて2倍から3倍の値段は覚悟していただかないといけません。

ひとつのデータですが、ドライエイジングをかける前に約9キロあった肉の塊に3週間のドライエイジングをかけると、塊として約7・5キロになりました。約2割の減量です。さらにこの塊をトリミング、掃除して、磨いて部位ごとに切り分けると、成形肉としては約4・6キロになりました。つまり、最初の状態から見ると、約5割も減量してしまっているのです。

もちろんその分、お肉の単価は高くなります。また作業代もかかりますから、2倍の値段では合いません。

このように、本格的なドライエイジングをすると、お肉の値段は上がってしまい、コストパフォーマンスはどんどん悪くなるものなのです。

それでもお肉を美味しく食べたいですか？

お肉の持っているポテンシャルを最大限に引き出したいですか？

相当贅沢なお肉の食べ方ですから、価格勝負をしているチェーン店のコンセプトに適応するお肉ではないはずです。

熟成肉はひとつの加工品ですから、価格が高くなるのは仕方ありません。この工程に納得したお客様が買い支えてくれれば、結果的に生産者を守ることになります。しかも、食べられるために生まれてきた牛に対しても付加価値をつける工程ですから、業界全体を守ることにもつながります。

読者のみなさんには、そういう事情を理解したうえで、飲食店や小売店で熟成肉と向き合っていただきたいと思います。

和牛に合わないドライエイジング

ニューヨークからやってきたドライエイジングの手法は、吉澤氏が語るように、どうも和牛には合わないようです。私も何回も実験をしてみたのですが、和牛の脂分が美味しいと感じられることはありませんでした。和牛が持っている独特のあまーい香り（和牛香）がドライエイジング特有のナッツの香りに消されてしまって、和牛の長所が活かされません。残念な結果になってしまいます。

ことにＡ５クラスのように、サシが豊富に入ったお肉にドライエイジングをかけると、脂分によっては美味しく仕上がらないこともあります。高級なお肉だからといって、和牛とドライエイジングの相性はよいとは言えないのです。

アメリカでは、ドライエイジングに使われているのはブラックアンガス種です。

私は２０１２年に「日本ドライエイジングビーフ普及協会」の視察旅行に参加して、ニューヨークのレストランや食肉関係者のもとを訪ね回りました。そのとき印象的だったのは、有名な問屋の代表者がこう言ったことでした。

「私たちはドライエイジングをするために、ブラックアンガスの中でもプライム中のプライムの霜降り牛を求めています。１０００頭の中で３頭くらいしか見つからない高級牛です。赤身より霜降りのほうがドライエイジングに向いています」

ブラックアンガスはもともと赤身の牛ですが、その中の０・３パーセントほどは霜降り牛となります。最高級の「プライム中のプライム」とは、サシが入った霜降りで、肉質も締まりがいいとアメリカでは評価されています。が、黒毛和牛と比較するとA2クラスで、日本では霜降りとは呼ばれないレベルです。しかも使われる部位は、アメリカの場合はロースとヒレが中心ですから、熟成をかけると驚くほど美味しくなるわけです。

日本では、ドライエイジングをかけるならば乳用種ホルスタインのオス牛（去勢）が向いていると言われています。熟成をかけることで生ハムやビーフジャーキーのようなお肉になって、美味しくいただくことができます。

向いている理由としてふたつあげられます。

ひとつは、サシが豊富に入った黒毛和牛よりも、ベースの味わいがドライエイジングに向いていること。

もうひとつは、これまで利用方法がないということで低価格で取り引きされていたホルスタインのオス牛の付加価値を、上げることになるという点です。

ホルスタインは、日本ではこれまで乳用種として扱われてきましたから、メス牛しか利用価値がないとされてきました。オス牛が生まれると、生まれてすぐの段階か月齢5～6ヵ月で肥育農家に売りに出され、肥育農家は月齢18ヵ月程度で出荷していました。市場でも、和牛やF1種（和牛とそれ以外の牛をかけあわせたもの）と比べても安い価格しかつきませんでした。

けれどホルスタインのオス牛に着目した一部の精肉業者は、仔牛を肥育農家で長期間肥育し、月齢22ヵ月程度で屠畜して、その肉にドライエイジングをかけて高級肉として売り出しています。

つまり、ホルスタインという畜種の付加価値を上げることに成功したわけです。

前述した静岡の「さの萬」さんでも、ホルスタインの去勢牛の肉にドライエイジングをかけて、従来の価格の2倍を超える値段で販売しています。それでもお客様が引きもきらずにやってくるということは、それだけ美味しいのです。ホルスタインの付加価値を上げた実例として、評価されていいと思っています。

経産牛も美味しく食べられる

もう一方でドライエイジングという手法は、黒毛和牛の「経産牛」のお肉を美味しくするためにも使われています。

従来、お産を経験した牛のお肉は、あまり価値のないものとして安く扱われてきました。

もともと食肉牛になるための飼料を与えられて育ったわけではないし、年齢も重ねているために肉質が硬くなってしまっているからです。

そのお肉をなんとか美味しくできないか。付加価値をつけて販売できないか。

そういう観点からこの熟成の工程が使われて、お肉を柔らかく、旨みを引き出すことに成功しています。

私はこれは素晴らしいことだと思っています。

熟成をかければ美味しくなるということがわかれば、経産牛を仕入れようとする業者が現れます。その味が評判になれば、価格も上がっていくはずです。

その結果、経産牛の付加価値が上がれば、子牛をあつかう繁殖農家を守ることにつながります。消費者にとっても、通常の黒毛和牛と比べれば安い経産牛が美味しく食べられるわけですからＷＩＮ－ＷＩＮです。

熟成という工程は、このように使われていくと食肉業界全体の繁栄につながると私は思っています。

黒毛和牛の枯らし熟成が可能に

都内某所の熟成庫の光景

東京の山手線沿線の某所に、黒毛和牛の熟成肉にとっての巨大な「聖地」があります。バレーボールコート大の広さを持つ熟成庫の天井にはレールが縦横に走り、そこに何百本もの和牛の枝肉がフックで吊り下げられて、出番を待っている――（１０３ページの写真参照）。

ここは、とある食肉卸売業者が持っている熟成庫。格之進で使うお肉は、すべてこの倉庫で枝の状態で約４週間「枯らし熟成」をかけてもらっています。前述のように、肉にストレスをかけない状態で温度と湿度を管理して、庫内の菌を使って熟成をかける方法です。

枝肉の状態で熟成をかけると、表面が皮下脂肪で覆われていて保護されるために、熟成中も自由水がゆっくりと体外へ出ていきます。そのために、黒毛和牛の最大の魅力である「和牛香」が消えずに残るのです。

この熟成庫の秘密を、この会社のA社長はこう語ります。

「この熟成庫の中には、枝肉を熟成させる自然界の素晴らしい菌がたくさん繁殖しています。ドライエイジングのように菌をコントロールしてはいませんが、面積が広いから吊るした枝肉どうしのあいだに余裕があり、隙間から風が回るので、菌がいい感じに枝肉に付着します。だから、お肉もこんな状態になります」

A社長が見せてくれた枝肉には、白い黴が生えていました。いい状態で熟成が進んでいる証拠です。この熟成庫を管理している担当者は、毎日すべての枝肉の表面をチェックして熟成の進み具合を確認しています。

A社長はこう続けます。

「熟成の進み具合は枝肉ごとに違います。屠畜された日が湿度の高い雨の日だったりすると、熟成は早く進むということもあります。ときには熟成日数が少なくても、前から枯らしている枝肉より早く食べごろになる枝肉もあります。お肉は生き物ですから、そういう細かな管理をしないと本当に美味しい熟成肉にはなりません」

この熟成肉の聖地では、熟成庫からお肉を切り分けるカット場へ、さらにそれをパック詰めする製品庫へ、そして輸送用のトラックへと、お肉の出荷が流れ作業で進むように設計されています。しかもその間、いっさい外気に触れない状態でお肉を加工できるシステムで

写真は枝肉が並ぶ様子。枝肉とは牛一頭の半身のことで骨を外していない状態。一頭買いとはこの枝肉ふたつ分を指す

す。このシステムは、世界最高の衛生基準も満たしているほどです。温度や湿度管理も厳重に行われていますから、まさに和牛にとっては「聖地」なのです。

ここで約4週間枯らし熟成をかけられたお肉は、次の段階に進んでいきます。

追加熟成が味の決め手になる

枝肉の状態で枯らし熟成をかけたお肉に対して、A社長はこう語ります。

「この熟成庫内で枯らし熟成をかけただけでは美味しいお肉にはなりません。その後レストランやお肉屋さんに運ばれて、さらに『追加熟成』をかけないといけない。ここでどんな扱いをされるかでお肉の味が決まってきます」

枯らし熟成をかけ、お肉を骨から外したあとでどう扱うか。そこがポイントだとA社長は言うのです。

私の場合は、店によって違う追加熟成をかけています。それぞれのやり方で違うお肉の「表情」を引き出して、お客様にそれを楽しんでいただきたいからです（お肉の「表情」に関しては、第4章で詳述しましょう）。

たとえば六本木1丁目の「肉屋 格之進F」では、店頭に特注でつくってもらったガラス張りの熟成ルームがあります。そこはA社の熟成庫とほぼ同じ環境にコントロールされていて、熟成の状態も同じように進むようになっています。枝肉の状態で約４週間枯らし熟成をかけられたお肉が骨から外されて、さまざまな部位に切り分けられて真空パックせずに保管されています。商品として提供されるまでのあいだ、枯らし熟成をキープしているのです。つまりこの店では、「枯らし熟成＋枯らし熟成」のお肉を提供しています。

もう一店、六本木７丁目にある「格之進R」で使うお肉は、枝肉で約４週間枯らし熟成をかけたあと、骨を外して真空パックに入れて約20日間、「ウエットエイジング」をかけます。前にも述べましたが、熟成がこれ以上進むのをむしろ抑える工程です。

追加熟成の仕方によって、お肉の味や柔らかさ、風味が違ってきます。お客様に食べ比べていただきたいという思いから、このように異なる追加熟成をかけています。

このように一口に熟成といっても、そのやり方や組み合わせ方、熟成の種類や畜種との相性によってその結果は千差万別です。本章の冒頭でも述べましたが、ただ熟成肉であれば美味しいというわけではないのです。

一般の消費者がレストランやお肉屋さんの店頭でそれを見分けるのは非常に難しいことで

すが、その香りや肉の色、そして食べてみたときの柔らかさや味をよく比較して、自分なりの熟成の美味しさを見つけてほしいと思います。

一頭買いのお蔭で熟成に気づく

私は現在、自分があつかうお肉には「門崎熟成肉」というブランドを掲げています。「はじめに」にも書きましたが、2015年のゴールデンウイークと夏、秋に開催された3回の「肉フェス」で総合優勝を飾ることができました。前年の大会でも優勝していますから、これで4連覇を達成。来年も再来年もがんばってこの記録を延ばし続けたいと思っています。

そうした快挙を達成できたのは、1999年の開店時に「熟成肉」との出会いがあったからだと思っています。私が熟成肉にこだわるのは、まだ日本では「熟成」などという言葉は使われていなかったころから、この手法と「偶然」出会っていたからです。

すでに述べましたように、当時お肉の仕入れは兄の牧場の牛を一頭買いしていました。買ってはみたものの、「カルビ」と「ロース」の全盛時代でしたから、細かな部位などはオーダーが入りません。またお客様自体が少なかったので、半身単位で牛肉を買ってくると、4つのブロックに分けて真空パックに詰めて冷蔵庫で保存して、すべてさばけるのに1ヵ月程度はかかっていました。

そのとき、最初の牛肉は肩のあたりの肉から使い始めて、もものほうへと使っていきました。次の牛肉は、もものほうから使い始めて、肩のほうへと上がっていったのです。

すると、面白いことに気づきました。同じ部位でも、屠畜して１週間目のお肉と４週間目のお肉では、明らかに後者のほうが美味しいのです。

当初は、味の違いは牛の違いなのかなと思っていました。けれど何回も同じ体験をするうちに、「保存している日数の違い」に気づきました。今考えるとこれは、「ウエットエイジング」状態だったのです。しかも日数も４週間前後と長期にわたっていましたので、明らかにその味には変化がありました。

もちろん、明らかに腐ってしまった部分は「磨かないと」いけません。表面を削っていくわけですから、歩留りは悪くなります。けれどその分肉質は「柔らかく」「美味しく」なる。「香り」もほのかに甘くなる。

昔から「肉は腐りかけが美味しい」というのは聞いていたので、「これが肉を寝かせるということなのだ」と、すぐに思いいたりました。そのころから私は、「熟成」という言葉は使わないまでも「肉を寝かせて美味しくする」という手法は、意図的に使っていたのです。

賞味期限の厳格化がチャンスに

ところがあるとき、困った問題がおきました。

2000年に入ってから、食品関連の大企業の「食中毒事件」や「牛肉の産地偽装事件」が相次ぎ、食品業界全体でさまざまなルールの徹底化が叫ばれるようになりました。その中には「賞味期限」も含まれていて、その規制がさらに厳しくなったのです。

牛肉の場合は、屠畜してから45日間が賞味期限と決められています。熟成を長くかけていると、場合によってはこの期間内にお客様に提供できないケースも出てきます。かといって、熟成期間を短くしたら、美味しいお肉にはなりません。

——どうしたものか。

私は何ヵ月か考え込んでいました。

ところがそんなとき、市場でとある卸業者の熟成庫を見せてもらう機会がありました。するとそこでは、枝肉の状態で特別に3〜4週間も保管されている肉が吊るされていました。

——こんなに熟成させておいて、賞味期限は大丈夫なのだろうか？

そう思った私がそこの社長に質問すると、意外にもこんな答えが返ってきたのです。

「枝肉は、骨を外さなければ賞味期限のカウントは始まらない。牛肉は骨を外してからが賞味期限なんだ」

なんだ、そうだったのか！

私はこのときから、枝肉のままで問屋さんの熟成庫に保管してもらうように交渉を始めました。ところが当時はそこにも問題がありました。このころの業者は、一般的には屠畜してから3日目には骨を外して真空パックに詰めて、そこから熟成（ウエットエイジング）させていたのです。そうでないと肉が酸化してしまって、黒ずんでしまうというのがその理由でした。

しかし、骨を外してしまうと賞味期限のカウントが始まってしまいます。私は「肉の表面が黒ずんでもいいですから、枝肉のままで冷蔵庫の中に吊るしておいてくれませんか」と頼みました。するとこう言われてしまったのです。

「お宅の肉の黴や匂いがほかの肉にうつるから駄目だ」

そこをなんとかと頼み込んで、私は枝肉状態での保管を10日間、2週間と少しずつ延ばしてもらったのです。その後、前述したように都内某所のA社との出会いがあり、その大きな熟成庫を借りられるようになり、今では枝肉の状態で約4週間の枯らし熟成をかけられるようになったというわけです。

賞味期限のカラクリが見抜ける

ちなみに、賞味期限の問題は、消費者のみなさんにも興味深いことだと思います。興味深いというよりも、安心安全で美味しいお肉を食べるためには、このポイントは見過ごせません。そこで、消費者でもチェックできる賞味期限のこともお話ししましょう。

第1章で、和牛のトレーサビリティとして付いている「個体識別番号」のことをお話ししました。この番号を確認することでその牛が屠畜された日付がわかり、賞味期限のカラクリについても判断することができます。

仮にその日付が半年や1年以上前の場合には、このお肉は冷凍保存されたものです。冷凍すれば、最長2年間賞味期限が延びるという決まりがあります。冷凍ですから、チルド状態で保存されたお肉よりも味覚は劣ります。このように、賞味期限をチェックすることで、一般の消費者でも美味しいお肉を判断することが可能になります。

第3章　黒毛和牛の醍醐味「希少部位」ランキング

部位ごとの味の個性を満喫する

黒毛和牛最大のセールスポイント

黒毛和牛にとって「部位」とは何でしょう。

ひと言で言えばそれは、「最大のセールスポイント」と言っていいと思います。

「プロローグ」でも書きましたように、一頭から数百グラムしかとれない希少部位の味覚の違いを味わえるのは、世界でただ一種黒毛和牛のみ。まさに「醍醐味」と言っていい。

なぜ欧米では部位にあまりこだわらないのか。

それは、食文化の歴史の違いという以外ありません。

欧米の肉牛は、大陸牛ですから体が大きくその味も大味です。しかも欧米では長い肉食の歴史があり、牛よりも季節ごとに野山で捕れるジビエ（野生の鳥獣）のほうが珍重されるという傾向があります。ごく一部のブランド牛を除けば、牛肉は必ずしも高級食材ではないのです。

だから日本の和牛のように、飼料や育成環境にこだわった細やかな飼育方法はとられていません。たいていは放牧です。したがって、和牛ほど各部位ごとに味覚や食感が異なるということがないのです。

もちろん狩猟民族である欧米人はお肉を食べてきた歴史が長いので、ジビエの種類や肉の部位を示す「言葉（単語）」は豊富です。たとえばフランスでは、牛肉でもヒレの部分には「テッド」「シャトーブリアン」「トルヌード」といった言葉をあてて、さらに細かい部位の違いを示します。

けれど欧米には、日本の焼き肉のように、お肉を細かな部位にまで切り分けて食べるという習慣はありません。おもな調理法としては、ヒレやロースはステーキにしたりローストビーフにし、あとの部位はソーセージなどのシャルキュトリ（食肉加工品）にしたり、テリーヌや煮物にしてしまいます。

一方日本では、お肉を目の前で焼いて食べるという韓国の食文化との融合によって、日本式焼き肉とも言うべきスタイルが発達して、「焼き肉」という文化が生まれました。

そもそも日本には、食材の繊細な違いを楽しむという食文化がありました。ひとつの食材でも時期によって「走り」「旬」「名残」と区別して調理したりします。焼き肉もその文化の洗礼を受け、お肉をあまり調理せずにダイレクトに楽しむ、細かい部位まで食べ分ける、というスタイルに発展してきました。

さらにその文化を支える、飼料や肥育環境、そして成牛の肉質にこだわった生産者の努力があって、今日のような細かな部位の魅力を堪能できる焼き肉文化が完成したのです。牛肉をこれほど美味しくいただけるのですから、この国に生まれてきたことを感謝しないわけにはいきません。そのことを噛みしめながら、部位について語っていきましょう。

すでに述べましたように、私は部位を大きく4つに分け、さらに「大パーツ15、中パーツ43、小パーツ82」に分けています（18〜20ページ図表2参照）。これでもすべての部位を網羅しているわけではありません。もっと細かく分けることも可能ですし、地域や人（あるいは店）によって、呼び名や分け方が違う場合もあります。

あるいは小パーツを見ていただくとわかるように、牛の成育の仕方や個性によって脂の入り方が異なり、部位の「上」の部分と「並」の部分が違うこともあります。つまり部位とは、その牛の「個性」であり、育てられてきた履歴を示すものでもあるのです。

部位の違いは筋肉の「動き」の差

よく焼き肉店などでは、一頭の牛をイラストで示し、頭のほうから順に「肩」「ロース」

「もも」「ばら」などの「場所」がわかりやすく示されていたりします。本書でも16〜17ページの図表1でそれを示しました。もちろんそれは間違いではないのですが、私は部位の違いとは「場所」であるよりも、筋肉の「動き」の違いだと思っています。

たとえば「肩」の部分ならば、肩甲骨を中心にものすごく複雑な動きをします。その動きの違いによって、同じ「肩」で分類されるお肉でも、筋ばった硬いお肉もあれば霜降りのところも赤身のところもあります。

逆に「ロース」と呼ばれる部位は背中の脊髄に完全に乗っているお肉です。体を動かしたり何かを支えたりする筋肉ではなくて、いわば脊髄に「祭り上げられている」部分なので柔らかくなるのも道理です。サーロインの部位などは、鉄板で焼いているだけで高貴な香りが立ち上ってきます。

「もも」は脚ですから、重い体重がかかりそれを支えなければなりません。それだけしっかりとした味わいのお肉が多くなります。

「ばら」は、まぐろでいう大とろの部分にあたります。いちばん脂がたまりやすいところです。骨との接触面積も大きいので、筋張りやすく繊維質が強い部位となります。

このように、動きの役割の違いで部位の味覚や食感は変わってくるのです。

一般的に言えば、よく動く部分のお肉は硬くなります。細胞の密度も細かくなり、筋繊維も太くなります。

プロローグで書いた「解体ショー」でも、お客様が興味を持ってくださるように、私はこんな解説をします。

「四つん這いになったときに、お尻の筋肉を意識してみてください。お尻を動かすとき、外ももの部分に力が入るでしょう。外側でいちばん踏ん張る筋肉だから、外ももは肉が硬くなります。逆に内ももはそんなに筋が強くなくていいから柔らかい。そして足の付け根のところは負荷がかかっていないから、ここにある芯たまは霜降りになるのです」

あるいは、

「肩甲骨の上についているのがみすじです。その内側に入っているのがあまみすじ。みすじは肩ロースにつながっているから霜降りになります。一方あまみすじは肩ロースにつながっていなくて、肩甲骨の内側に小判鮫のように張りついているので柔らかくて繊細な味わいの赤身になります」

そうやって牛の動きやほかの肉との連結を連想させながら部位の解説をすると、なぜこの部位が柔らかいのか、なぜ霜降りなのか、なぜ赤身なのかなどがわかりやすく理解いただけます。

たとえばいちばん柔らかい部位といったら、誰もが「ヒレ」と答えるはずです。なぜならヒレは、脊髄の上にあるサーロインの骨の内側にぶら下がっている部位です。４本足の牛はこの部分の筋肉を使わないので、何も負荷がかかっていないから柔らかいのです。

そうやって牛の動きから考えると、各部位の味覚や食感の特徴も想像しやすいと思います。

たれにもこだわる日本の食肉文化

ちなみに、これだけ部位ごとの味覚や食感に差があるので、日本の焼き肉文化においてはたれにも相当なこだわりがあります。もちろん店によってそのこだわりは違いますが、少なくとも私は、たれもまたお肉の付加価値を高めるためには重要なアイテムだと思っています。

韓国系の焼き肉店では、伝統的に肉のもみだれ（肉を焼く前にもみ込むたれ）とつけだれを合わせて美味しくなるように工夫されています。もともとがしょうがやにんにくにつけ込んだお肉を使っていますから、肉本来の味というよりも、たれとお肉のマリアージュによって食べさせるといっても過言ではありません。

多くの店では、たれには化学調味料が使われています。場合によっては、お肉にダイレクトに化学調味料を振っていることもあります。

それに対して私の役割は、お客様に生産者が丹精込めて飼育した牛本来の味を味わっていただき、部位ごとの味覚の違いを堪能していただくことだと思っています。もともと料理の素養がありませんでしたから、素材に向き合うしかありませんでした。だから私は、たれは使わずに塩だけ（これも岩塩、フランスの塩、アンデスの塩など、部位によって使い分けます）とか、わさびだけとか、あるいは最初のひと切れは何もつけずに食べていただくとか、そういう食べ方を推奨しています。

たとえばプロローグで記した「解体ショー」の場合、私は「しゃぶしゃぶ」用に3種類の鍋の出汁を用意しました。お肉の特徴とたれの相性を考えて、以下のような組み合わせを参加者のみなさんに推奨したのです。

「塩麹を使った出汁」　みすじ、ヒレ先

「割り下出汁」　リブアイ、リブ巻き、サーロイン

「豆乳を使った出汁」　うで肉のさんかく、あまみすじ

この組み合わせでしゃぶしゃぶ（湯通し）して食べていただくことで、部位本来の旨みが強調されると考えたのです。

逆に言えば、それくらいこだわって食べなければ、この章で紹介する希少部位のお肉はもったいない。牛や生産者に対しても申し訳ない。そのくらい繊細なお肉なのです。

そのことを念頭に、読み進めていただきたいと思います。

部位については、種類が多いので人によって好みが分かれると思います。

本章では、「お肉の変態」の私が、通常のお肉のガイドブックには載っていないような基準で選ぶ「霜降り部位」「赤身部位」「通好み部位」の、それぞれベスト4～5の希少部位をあげてみたいと思います。またそのお肉に合うワインや焼き方も紹介しましょう。

ちなみにワインは、「軽め」から「重め」まで5段階に分けるものとします（16～17ページ図表1の、お肉の赤身度や霜降り度とそれに合うワインの一覧も参考にしてください）。

霜降り好きがうなる希少部位！

ここでは、大分類の「肩」「ロース」「もも」「ばら」の各部位から1種類ずつ、霜降りが美味しい希少部位を解説しましょう（18～20ページ図表2も参考にしてください）。

第1位　イチボの先三寸

「イチボ」とは、「もも」の「ランいち」と呼ばれる部位にあり、ランプの隣にある臀部の骨回りの部位を指しています。しかもその「先三寸」といえば、イチボの先端5分の1程度しかない希少部位中の希少部位。お尻のえくぼの部分のお肉で、一頭から500グラム程度しかとれません。

ランプはサーロインにつながるのですが、イチボは外ももにつながる位置にあります。骨盤に乗っている部位なので、踏ん張らないし負荷がかかりません。だから霜降りになりやすい部位です。

それでいて鉄分の高いランプに相対している部位ですから、深みのある濃い味わいです。ランプよりもきめが細かく、しっとりとした食感が楽しめます。サシもしっかりと入っていて、脂の旨みも味わえます。

この部位をより美味しく味わうためには、肉の格付けとしてはＡ４のメス牛、しかも月齢が32ヵ月以上で枝肉の重量が４００キロ未満であることが必要条件です。この条件ならばお肉の味が濃いので、いっそうイチボも美味しいのです。

ちなみにフランス料理でも、この部位を「カジ」と表現して珍重しているそうです。

本来は刺身やたたきなどが美味しい部位ですが、現在は法律により生食はできません。熱伝導が速い部位なので、1〜1・5センチの厚さに切って、強火でサッと一気に両面を焼き上げるのがお勧めです。焼き上がったら1分以上静かにおいて余熱を中まで通してください。火から下ろした直後は、肉汁が熱伝導により対流していますので、それが収まるタイミングを待って食べていただきたいのです。

合わせるなら、軽めの白ワインがいいでしょう。

第２位　リブロースのリブ巻き

高級部位であるリブロースの芯に巻きつくような位置にある希少部位です。基本的には背中の上に乗っている部位なのであまり負荷がかからず、コザシ（サシが細かく入っている）状態です。サーロインの芯よりもサシが細かく入り脂の粒子も細かいので、融点も低く、食べながら融け出してしまうほどです。舌に載せると綿あめのように融けていく感じが味わえます。

この部位だけを切り分けて提供するという店は、むしろ少数かもしれません。なぜならリブロースとリブ巻きを切り分けるときに脂分を外すことになり、ロスが出るからです。リブロースがステーキとして出されるときには、リブ巻き部分も一緒に出されることが多いはずです。

この部位を楽しめるのは、日本にしかない食文化といって間違いありません。指1本程度の厚さに切り表面をぎゅっと焼き上げます。焼き上がったら、30秒間置くことも忘れないでください。

合わせるワインは白。あるいは赤の軽めがお勧めです。

第3位　タテばら

韓国語で「カルビ」は肋骨の意味ですが、日本語では「ばら」と呼びます。肋骨周辺のお肉の総称です。この部位は、牛の呼吸により肋骨とともに動いている筋肉なので、肉質はきめ細かくサシもよく入っています。その中でもタテばらはカルビの中のカルビ。まぐろでいえば大とろの「砂ずり」のところを指しています。焼き肉店では「特上カルビ」として提供されることも多く、「ザ・カルビ」と言っていいと思います。

韓国の焼き肉文化の中でカルビといえば、かつては骨つきのお肉を指していました。コラーゲンやゼラチンが豊富で、滋養強壮の食材として優れた要素を持っています。

韓国の牛はもともと農耕用で、お役御免になった牛を屠畜して食べたのが韓国式焼き肉の始まりです。だから牛が痩せていて、骨ごと切ってしょうがやにんにくにつけ込んで食べるほうが理にかなっていたのです。

それに対して和牛は食べられるために育てられた牛ですから、サシの入り方や脂の旨みはまったく異なります。

私はまぐろでは大とろが大好きなのですが、脂が甘く奥行きが深い感じがします。黒毛和牛も同じで、タテばらの脂はインパクトのある甘さがあります。焼いたときには香ばしい香りが立ちのぼり、脂の旨みと赤身の旨みをしっかりと味わうことができます。

合わせるワインはしっかりした白がお勧めです。

第4位　みすじ

肩肉の部分の最高の霜降りといえば、やはり「みすじ」です。

牛は前足に重心がかかるので、この部分の筋肉は運動量が多くなり発達しやすく、筋や筋膜が多くなります。その中でも「みすじ」は肩甲骨の外側に張りついているお肉で、肩ロースのはねしたと呼ばれる霜降りの部位に隣接し、実際に3本の筋が入っています。この筋の上と下とでは繊維質の密度が異なり、脂の融点も違うので味も異なります。

全体的にゼラチン質が多く旨みも濃厚ですが、脂の甘みが繊細なことも特徴のひとつです。だからすき焼きなどで使われる場合もあります。

合わせるワインは、やはりしっかりした白がお勧めです。

老舗すき焼き店が必ず使う牛脂

本章ではお肉の部位の違いを解説していますが、牛脂についても部位による差異があることにお気づきでしたか？　細かな部位の違いも嚙み分けようと神経を張りつめていると、牛脂についても「ここは甘いな」「ここは香りがいいな」と違いがわかるようになります。

私は牛脂を6種類に分けています。もも脂、ばらの脂、ロースの脂、肩の脂、内臓の内側に入っているケンネ脂、そしてちちかぶと呼ばれるおっぱいの脂。この6種類にはそれぞれ味覚や香りの特徴があります。老舗のすき焼き店では、必ずと言っていいほどメス牛のちちかぶの脂を使っているのは、その違いを熟知しているからです。

なぜ牛脂の質に違いがあるかというと、それは部位ごとの動きの違いです。動きの激しい部位と静かな部位とでは、脂質、ことにその融点に違いが生まれるのです。

たとえば車のオイルで想像してみてください。金属どうしが頻繁に摩擦をくり返す部分とあまり動かない部分とでは、頻繁に動く部分のオイルのほうが温度が高くなっています。融点が高い状態です。普段から熱量が高い部分ですので、オイルも高い温度でないと融けません。その反対に、動きがあまりない部分のオイルは、融点が低くなります。

人によって好みの分かれる魚と牛肉の脂の違いも、実はこの融点の違いに理由があります。

メバチマグロを例にとると、通常は10℃から14℃の海の中で生きています。その切り身を人間の生活環境の中に移した場合、室温でも脂分が融けだすので、美味しく味わうことができます。「このまぐろは脂がのっているね」「脂ののったホッケだね」などと表現することがありますが、魚の脂分は融点が低いために、誰でも抵抗なく食べることができるのです。

いっぽう牛は、人間が暮らす環境下で育てられますから、夏ならば30℃から35℃の気温で生きています。そこで生成された脂は、融点が高くなります。だからある程度の温度にならないと口の中でとろけないので、あまり甘みを感じられない場合が多いのです。

また、綺麗な霜降りのお肉でも、脂の質が悪くて融点が高いと、食後に胃がもたれたり、量が食べられなかったりします。

だから牛の場合も、生産者が融点の低い良質の脂分を作るように飼料の配合をしないと、「脂がしつこい」と言われる原因になってしまいます。

このようなことをベースに、次に、長くブームが続いている赤身のスペシャルな部位について述べていきましょう。

赤身好きがうなる希少部位！

赤身ブームの裏側

最近では、若いお客様でも「赤身のお肉をください」とオーダーされる人が増えました。ある程度年配の方からは「霜降りは脂がくどくてあまり食べられない」という声を前から聞いていたのですが、昨今の赤身ブームは本物になってきたと思います。

もちろん、その理由のひとつは「健康志向」であることは間違いありません。

同時にもうひとつ、第1章でも記した「儲かる牛作り」をやりすぎたために、和牛ファンの方から「霜降りでも脂が美味しくない」と見抜かれてしまったこともその理由なのではないかと思います。

農水省が進める政策でも、大きく育つ増体系の去勢牛の早期飼育が奨励されてきました。そうやって月齢24～28ヵ月程度で出荷してしまった牛は、脂の粒子が粗くなりがちです。美味しいお肉を食べてきたお客様からは、「この牛は脂がくどいね」「美しいだけの霜降りはもういいよ」と見抜かれて、飽きられてしまったのです。つまりお客様の味覚、食歴の進化と生産者の努力にズレができてしまったと言えるのかもしれません。

その一方で、黒毛和牛の赤身は味がしっかりしています。脂分も適度で、柔らかい。増体系の去勢牛でも熟成をかけると赤身は香り高く柔らかくなるので、「黒毛和牛の赤身はちょっと違うね」という評価が高まってきました。

そんな赤身の中でも、ここでは「お肉の変態」の私が選んだ、とっておきのスペシャル部位の特徴をご紹介しましょう。

なお、赤身の部位は、次の章で詳しく述べる「塊焼き」が焼き方のベストです。そのやり方のコツをこの本でしっかりと学んでください。

第1位　かめのこ

「もも」の「芯たま」に含まれる部位であり、「芯々」を覆っているお肉です。断面の模様が亀の甲羅のような形をしているので、この名前がつきました。棒状の芯々を守るように包んでいるお肉で、柔らかい芯々に比較すると筋組織が強く、脂分が少なく嚙みごたえがあってお肉の旨みが凝縮している部位です。

芯たまの部位の多くは肉質が柔らかいのですが、かめのこは硬めの部位なので、低温でしつかり火を入れてください。ただし、中心部は赤みが残るくらいにして、焼きすぎないことが美味しく食べるコツです。

合わせるならば赤ワインのミディアムか重めのものがお勧めです。

第2位　ランプ

赤身の王様と言って過言ではありません。「もも」の「ランいち」に含まれる部位で、腰から臀部、ももにかけての部分にあります。

サーロインとつながっている部位なので、その霜降りのサシが流れてきて、赤身とはいえうっすらとサシが入っています。肉質はきめが細かく柔らかで、慈愛が乗った味がします。

もも肉ですので大きな力を支える動きをしていますから、お肉の王様「サーロイン」を支える力強い豪族のようなイメージの味です。つまり王族の品のよさを継承しながら、霜降りのサシを除いた部位なので、味が濃くなって美味しくなるのも当然です。

ローストビーフに使われる場合もあります。その場合は、焼き立てでいただいてください。時間が経ち冷えてしまうと、ぱさぱさになってしまう部位です。

このお肉には、赤ワインのミディアムか重めのものが合います。

第3位　さんかく

「肩」の中の「うで」の一部で、肩甲骨の動きを支える役を担っている部位です。「うで」の中には「みすじ」「さんかく」「あまみすじ」「うで」「こさんかく」「とうがらし」といった部位がありますが、その中でいちばん大きな筋肉が「さんかく」で、責任感の強い兄貴分といった風格があります。

全体に美しいサシが入り、赤身とのバランスがとれていることが特徴で、脂の旨さと赤身の味と、どちらもしっかりと味わうことができます。焼いたときには香ばしい香りが感じられ、店によっては「特上カルビ」として提供しているところもあるはずです。

うでの部位からは、もっとマニアックな赤身の紹介も可能ですが、全体の動きを考えると、「さんかく」に敬意を表するべきというのが私の結論です。

関西では「くりみ」と呼ばれています。

ワインを合わせるならば、軽めの赤がお勧めです。

第4位　ヒレ

和牛のお肉の女王様です。脊髄にこうもりのようにぶら下がり、体全体の中でいちばん負荷がかかっていない部位であり、かつ脂の膜で守られています。イメージとしては箱入り女王様。もう婿しかとりませんというお肉です。

ヒレは「頭、中、先」と3つのパートに分かれ、それぞれ味覚にも差があります。「ヒレ頭」は鉄分が多く深い味わいが楽しめます。それでいてえぐみがないのが特徴です。「ヒレ中」の部分は「シャトーブリアン」と呼ばれ、汚《けが》れなき高貴な味覚が味わえます。柔らかく、脂肪分はロースの半分。繊細でくせのない甘みが感じられるはずです。「ヒレ先」には、意外なことに霜降りがかかっています。脂の融点が低く、口の中に嫌な感じが残りません。

普通ヒレというと、柔らかい赤身というイメージですが、このように3つの部位ごとに特徴があること、それぞれ個性的で楽しみ方が違うことを知っておいていただきたいと思います。ミディアムの赤ワインがそんな特徴にも合うはずです。

「通」をうならす希少部位！

以前は挽き肉になっていた部位

一頭からあまり分量がとれずに、細かく切り分けても需要が見込めなかった希少部位は、かつては「挽き肉用＝挽き材」にされていました。

一関の私の1号店では、一頭買いしていましたから希少部位もとれたのですが、いかんせん当時のお客様はその美味しさに気づいていませんでした。だから仕方なく挽き材にしていた希少部位もたくさんありました。

けれど最近は、あとで西島畜産のご主人に語っていただくように、お客様のお肉に対する意識が高くなり、希少部位もしっかりと味わいたいというオーダーが増えました。私としても、食べられるために生まれてきてくれた黒毛和牛をしっかりと味わってもらうために、また苦労して希少部位まで美味しくなるように育ててくれた生産者に感謝する意味でも、細かな部位の魅力をお客様にしっかりと伝えることが使命だと思っています。

これらの部位が美味しいためには、その前提として、前にも述べたような成育条件に合った牛の枝肉でなければいけません。メス牛であり月齢が32ヵ月以上、そして枝肉の重量が400キロ以下。格付けから言えばA４クラスがいいと思っています。

こういう牛は、たとえて言えばサナギから蝶になる力を持っています。希少部位に熟成をかけると、それまでの姿形から脱皮して、想像もしなかった味覚と食感を醸し出すようになります。お肉好きの通は、そういうところまで評価して、希少部位を味わおうとします。

逆に言えば、これらの部位は、お肉の価値がわかるお客様でなければお店としても提供しようとは思わないものです。切り分けるためには手間暇かかるし値段も高くなる部位ですから、基本的な信頼関係ができていないお客様には提供したくないのです。

このお肉が出てきたら「あー店長は私を認めてくれるようになったんだ」と思ってもらって構わない。

そんな「絆《きずな》の証《あかし》」のような部位と言っても過言ではないでしょう。

これからあげるのは、そういう意味で「ぜひ味わっていただきたい部位」だとご理解ください。

第1位　ネクタイの棒

この部位は、相当なお肉好きでないと食べたことはないはずです。「もも」の「ランいち」の「ネクタイ」に含まれる部位で、いちばん骨盤に近いところの筋の部位になります。一頭からは約400グラムしかとれない希少部位です。骨盤に巻きつくようにへばりついていて、それを切り取るとネクタイ状になっているところからこの名前になりました。

肉質としては、ランプのような荒々しさがなく、ヒレとランプの中間のような味がします。筋で守られている部位なので、乾燥スピードが早いのが玉に瑕《きず》。最適な食べ方は、食べる直前に筋を外してもらうことなのですが、面倒な作業なので普通のお店ではやってくれないかもしれません。通常はランプの部分と一緒にステーキとして提供されることが多いのですが、それだと筋が残るので、歯にはさまってしまうことが多いはずです。

とはいえ、ランプとはまったく異なる味覚と食感を持つ部位なので、ぜひ単体で味わってほしいと思います。

筋に火が入ってしまうので、表面を一気に強火で焼き、中はレアに仕上げてください。

ワインは軽めの赤が合います。

第2位　千本筋

「もも」の「外もも」の「はばき」の中央部に位置する部位。一頭から300グラム程度しかとれない、これも希少部位です。本当にたくさんの筋が入っていて、一見筋だらけに見えます。ところがこの筋がコラーゲンで、嚙むごとに細かく入り組んだ筋肉から濃厚な旨みが溢《あふ》れ出てきます。

以前ならば挽き材として使われていましたが、味のわかる通に出せば3倍の値段がとれるほど美味しい部位でもあります。

その味覚は、「人生の縮図」とでも言いましょうか。見た目はガチガチの筋だらけ。外側も大筋でおおわれていて、酸《す》いも甘いも凝縮したような部位ですが、実はゼラチン質が豊富で、肉質は柔らかめ。ぷつっと簡単に嚙み切れます。甘み、えぐみ、深みのある複雑な味。A4クラスの肉だと霜降りにもなります。もちろんこの部位も、前に述べたような条件を満たした枝肉からしか、このような味わいは出てきません。

本当は刺身が美味しいのですが、今は残念ながらそれはかないません。

厚切りにし、隠し包丁を入れ、表面に肉汁が出るまで中火でじっくり焼いてください。

重めの赤ワインが合います。

第3位　あまみすじ

「肩」の「うで」の肩甲骨の裏側にある部位で、みすじの反対側のところにあります。みすじよりもサシが少なく赤身が濃いのが特徴で、しっかりした旨みがあり柔らかいお肉です。その味は、ヒレとランプの中間から少しヒレに近い味覚と言ったらいいでしょうか。バランスのいい香りと甘みとが上品に味わえる部位で、私は年少の王子様を守る女官のように感じています。

可能な限り厚く切り、強火で表面だけ一気に焼いて、レアで食べましょう。

軽めの赤ワインがお勧めです。

第4位　芯たまはばき

「もも」の「芯たま」に含まれ、一頭から約１５００グラムしかとれない希少部位。後ろ脚の付け根にある球状の肉「芯たま」の下にあり、特徴的なのは、骨に密接している部位なのでえぐみが強いことです。

コショウを効かせても、それに負けないコシの強さを持っています。鉄分も強く、気骨《きこつ》のある味わいで、くせは十分にあります。繊維の奥まで旨みが詰まっていて、個性的な味と言えばいいでしょうか。私には王様の護衛隊のような印象です。この肉の味がわかるようになったら、立派な焼き肉通と言ってもいいと思います。

このお肉も厚切りにして、まず表面を強火で焼き、あとは弱火でじっくり火を入れていきます。

和牛の中でもフルボディの赤ワインが合う部位です。

第５位　メガネ

骨盤の中にある部位で、穴にへばりついているお肉をくり抜いてとってくる希少部位です。一頭でせいぜい４００グラムとれる程度でしょうか。

骨盤部分をメガネのフレームに見立てると、この肉はメガネのレンズに似ているところから、この名前がつきました。

かつては挽き肉用に回されていましたが、食べてみたら筋が入っていても柔らかくて美味しいとわかり、通のあいだで人気が出てきました。骨にガードされているお肉ですから、負荷がかからず硬くなることはありません。

食感はハラミに近く、コラーゲンも含まれて柔らかく、赤身と霜降りの中間的な旨みを兼ね備えています。流通もほとんどないので、大量に食べる部位ではなく、２００グラムを６人で分けるといったイメージだと思います。

このあたりの部位になると、店としても扱う量が限られてくるので、好みのお客様のお名前とお顔はわかっています。その方から予約の電話が入った瞬間に「ごめん、今メガネはない」と謝ったり、「電話が来ると思ってとっておいたよ！」と叫んだり、まさに「あつらえ」感覚でオーダーの段階からコミュニケーションが始まります。

間違っても初心者のお客さんには出せない部位なので、こういう部位が食べたいと思ったら、「これぞ！」というお店を見つけて足しげく通いつめ、店長や店員さんとのコミュニケーションを図る必要があります。

厚切りで強火で一気に焼き、中はほんのりピンク色になるのが理想的です。

赤ワインのミディアムが合います。

希少部位を家庭で楽しむ秘訣

お肉屋さんで入手するための心得

ここまでは希少部位を焼き肉店で食べることを前提で書いてきましたが、これらを家庭で楽しみたいという読者もいらっしゃると思います。

もちろんそのためには、その部位にあった調理法を知っていることが必要なのですが、その前にお肉屋さんでこうした希少部位が買えるのか。買うためにはどうしたらいいのかをご紹介したいと思います。

登場いただくのは、すでにお話をうかがっている西荻窪の「西島畜産」さんです。ご主人の西島さんは、こうおっしゃっています。

「当店ではお肉を一頭買いしていますから、オーダーをいただければ、どんな部位でも対応することが可能です。最近では、『ざぶとんはありますか？』とオーダーされるお客様がみえました。肩ロースの肋骨側にある肉で、サシがしっかりと入っている希少部位です。ずいぶんお肉のことを勉強されていてお好きな方なんだなぁと思いました。

ところがそこだけ取り出して切り分けようとすると、残った肩ロースの全体のバランスが悪くなってしまうという難点があります。うちのような小売店では、すき焼きやしゃぶしゃぶ用の用途が多いので、ざぶとんの部分だけを切り分けるということは普段はしていません。あまりありがたいとは言えないオーダーになってしまいました」

とはいえ、西島さんの口元は綻《ほころ》んでいる印象です。あまりに細かいオーダーだと、なかなか対応は難しいというのは本音でしょうが、「お客様とこんな希少部位の話ができるのは嬉しい」というニュアンスも感じられます。最近ではそういう希少部位をオーダーするお客様も少なくないそうです。

「お客様が部位の名前をしっかりと覚えてくださると、私たちにもメリットがあります。たとえばある日のオーダーで、『グラム１０００円の赤身を○○グラムください』と言われ、その日あったランプの部位をお出ししたとします。次のとき同じオーダーをいただいて、たまたまランプがなくてうで肉のさんかくをお出しすると、次におみえになったときに、『最初にいただいたお肉のほうが美味しかった』と言われてしまう場合があるのです。

もともと部位が違うのですから好き嫌いが分かれて当たり前なのですが、こういうとき、部位の名前を知っていていただけたら、『前はランプで今度はうで肉のさんかくです』と伝えることができます。そうすればお客様も次からは『ランプをください』とオーダーしてくださる。値段や『赤身』『霜降り』というオーダーよりも、より正確にお肉を提供できるようになります。私どもとしても、対応しやすいのです」

とはいえ、芯たまやはばきやネクタイのような希少部位をほしい場合、いきなりお店に行って注文することは可能なのでしょうか？

「もちろん在庫があればどんなオーダーにも対応しますが、一頭から数百グラムしかとれないような希少部位の場合には、お電話番号をうかがって『入ったらお電話します』と対応することが多いです。

たとえば常連さんのおばあちゃまで、外ももの千本筋を好んで買っていかれる方がいらっしゃいます。真ん中のゼラチン質が美味しいので、シチューにされるとおっしゃっていました。その方には、仕入れがあると電話を入れます。あるいはご来店されたときに、『〇日くらいなら入荷するはずです』とお伝えしたりもします。そうやってお客様とコミュニケーションをとれるようになると、相手の好みもわかるので、美味しいお肉を召し上がっていただけるようになりますね」

前にも書きましたが、本来和牛は「あつらえ商品」です。このように馴染みのお店をつくって、会話とともに購入することを続けていけば、お肉屋さんの「あつらえ」の味を楽しむこともできます。

ぜひお住まいの近くで対面販売のお肉屋さんを見つけて、好みの希少部位をオーダーしてみてください。きっと、もっともっと深いお肉の魅力的な世界に、入っていくことができるはずです。

第４章　千葉流・切り方から焼き方まで、焼き肉を極める

お肉は扱い方で「表情」が変わる

こうして見てくると、日本の焼き肉文化は、和牛のお肉を素材としてとてもていねいに扱っていることに気づかれると思います。

もちろん欧米でも牛肉は大切な食材のひとつですが、ステーキや煮込み料理が主流で、日本の焼き肉のように素材にダイレクトに向き合う食文化はありません。欧米でももつ（ホルモン）に関してはさまざまな料理法や加工法がありますが、それは本書のテーマからは外れますので、ここでは触れないでおきましょう（フランスにおけるシャルキュトリ〈食肉加工食品〉の文化に関しては学ぶべき点があると思いますので、あとで述べたいと思います）。

お肉の細かな部位の違いにもしっかりと目を向けて、その違いを味わおうとすると、いやおうなく「素材」にこだわることになります。

黒毛和牛も寿司ネタと同じ

すでに書きましたが、「メス牛で月齢が32ヵ月以上で枝肉重量が４００キロ以下で格付けがＡ４のお肉」というように条件をつけるということは、お魚でいえば単にまぐろならいいというレベルではなく、「大間《おおま》のまぐろ」「北海道の伊達のまぐろ」といった産地にこだわり、さらに体の大きさや脂の質にもこだわった選び方をするのと同じことです。

　このように素材に敏感な日本の焼き肉文化を支える焼き肉店は、「素材屋」と呼ばれるにふさわしいと私は思います。

　たとえばお寿司屋さんでは、刺身を扱うのですから通常は新鮮さが売り物ですが、ネタによっては新鮮ならばいいというわけではありません。ひらめの場合は活き締めにしてから3日目とか5日目が美味しいと言われています。江戸前ではコハダや穴子などにも細かな仕事をしていますし、卵ですら旬を見極めて提供したりしています。

　和牛もまったく同じです。前の章でも書きましたが、単に有名ブランド牛だからいい、格付けが高いからいいという基準ではなく、これからは牧場単位で本当に美味しいお肉を選別する時代がくることが予想されています。

　つまり、お客様の視線もそれだけ厳しくなるということ。

　これからの日本の食肉業界においては、お寿司屋さんのように素材の鮮度や脂の質にこだわる小売店や焼き肉店でなければ、お客様の支持は得られなくなると私は思っています。

お肉の素敵な「表情」が見たい！

私がお肉と向き合うときに、大切にしているのはお肉の「表情」です。説明するのはとても難しい概念なのですが、表情とは「お肉の個性が最も美しく輝く瞬間」とでも言えばいいでしょうか。

まず牛を個体として見た場合、おとなしい牛もいれば荒々しい性格の牛もいます。枝肉になった状態で見たときも、手間をかけて大切に肥育されてきた牛もいれば、放任主義で天真爛漫に育てられてきた牛もいる。育てられ方の違いによって、枝肉にもその特徴がにじみ出るものです。

あるいはお肉の部位を見ても、高価な部位や希少な部位もありますし、かつては挽き肉の材料にされてきたような挽き材の部位もあります。

人間と同じで、牛肉にも十人十色があります。個体として見たときも部位として見たときも、それぞれに個性的なのです。

私は、そういう牛（または部位）に対して、最大限その魅力を引き出すような対峙の仕方をしたい。その牛の、その部位の特徴をできる限り理解して、最大限その魅力を引き出すような扱い方をしたい。市場における枝肉選びから熟成のかけ方、肉の切り分け方、部位の分け方、カットの仕方、火入れの仕方、たれの使い方など、すべてを通して、お肉の個性を最大限に引き出したい。

そのときお肉は、最も魅力的な「表情」を見せてくれるはずだと信じているのです。さまざまに試行錯誤しながら、お肉の最高の表情を引き出せたとき、そのお肉は最高に美味しくなります。そのための努力を惜しんではならないと思っています。

フランス人の食肉加工への愛着

そのためのチャレンジのひとつとして、前にも述べましたが、私は経営する店ごとに異なるお肉の表情が楽しめるように設計しています。

たとえば熟成という工程をみた場合でも、「枯らし熟成＋ウエットエイジング」で提供するお店もあれば、「枯らし熟成＋熟成庫で保存＝枯らしっぱなし」という工程で提供するお店もあります。

熟成の工程が違えば、部位による味わいも違ってきますし、適した調理法も変わってきます。そうやって、お肉の持っている可能性を、より広く深く引き出したいと思っているのです。

あるいは岩手県一関市では、「ミートレストラン格之進」という、ハンバーグをメインにするお店もあります。ネット通販では、メンチカツも商品に入っています。さらにウインナーソーセージやサラミ、ビーフジャーキーも商品ラインナップに含まれます。

すべては、一頭買いしてきた枝肉をすべて無駄なく使いきるように、すべての部位をそれにふさわしい調理法で美味しくいただけるように、牛肉の表情を最大限に引き出せるようにと考えた結果です。

最近では、ヨーロッパに出かけて本場のシャルキュトリの勉強も始めました。シャルキュトリは、豚肉をあつかいます。牛肉とは違いますが、人間のために肥育された家畜の命を最大限尊重するために、「一頭のすべての肉を使いきる」という思想を持っています。

これは素晴らしいことだと思います。その文化とそれを支える技術や社会システムを学びたいために、私は何度かフランスを中心としたヨーロッパを旅してきました。

2015年の旅では、フォアグラで有名なランド地方、生ハムが名物のバイヨンヌ地方、バスク豚で有名なバスク地方を回り、職人さんたちを訪ねてその作業を見せていただきました。またリヨンでは、MOF（国家最優秀職人章）を持つシェフが作る加工品を味わわせていただきました。

フランスでは、地方ごとにさまざまな伝統的加工品の作り方が残っています。そもそもシャルキュトリには１０００年にもおよぶ歴史があり、かつては冬の保存食を確保するために、各地の村で村人総出で豚を解体し、そのお肉を塩漬けにしてハム（ジャンボン）やソーセージを作っていたそうです。現在では衛生面を考え許可された職人がこの仕事を行っていますが、その伝統は「フェット・デュ・コション（豚肉祭）」として各地に残っていて、この日ばかりは村人が総出で調理に参加するそうです。

作り方を見ていると、お肉の部位によっても調理法は違いますが、レストランのシェフが作る食品とシャルキュティエ（職人）が作る食品の加工法も異なります。お客様がどのシチュエーションでそれを食べるのかを勘案して、お肉の価値が最大限に高まるように加工されているのです。

それらは、私の言葉で言えば「お肉の表情を楽しむ」ということに違いありません。

つまりこの楽しみは、世界で共通する価値なのだと、意を強くしているところです。

和牛ハンバーグというお肉の顔

ちなみに、一関で経営しているハンバーグ店では、黒毛和牛のお肉を使ったハンバーグを、化学調味料ゼロの完全無添加で加工して提供しています。普通はパン粉などに添加物が入っているものですが、それも特注して無添加にこだわっているのです。

この店は国道4号線のバイパス沿いにあり、周囲には大型路面店が林立しています。チェーン形式のハンバーガー店やハンバーグ・レストランも何軒か並んでいるのですが、私にとっては、それらは競合店ではありません。

なぜなら、輸入牛肉を使っている他店と和牛を使っている当店とでは、そもそもお肉に対する考え方がまったく異なるからです。

ハンバーグ店を出したのも、お肉の表情を大切にするというポリシーの一環でした。一頭買いしてきた枝肉の中では、挽き肉にするしかない部位が出てきます。普通はそういう部位は「挽き材」と言ったり「ハジ肉」と言ったりして、二束三文で売られていきます。

けれどそういう部位でも表情を大切にして、添加物を含まない高級ハンバーグとして商品化すれば、お肉全体の付加価値を高めることができる。お肉全体の付加価値が高まれば、生産者を守ることにつながる。そう考えたのです。

周囲の店では輸入牛肉を原料として使っていますから、ランチのハンバーグは５００円から６００円程度で提供されていますが、黒毛和牛のお肉を使った場合には、どうしても１０００円前後になってしまいます。それでも黒毛和牛の無添加ハンバーグであれば、あえて選んでご来店くださるお客様は確実にいると信じて、私はハンバーグ・レストランをつくることにしたのです。そしてやる以上は、ハンバーグの魅力を最大限に引き出すために、徹底的に試行錯誤をくり返しました。

三次元焼きでふっくらハンバーグ

使用するお肉は、ミンチにしたときに旨みを持っている部位を使います。すね、肩ロースのネック、ブリスケットなどがこれにあたります。さらに岩手県の花巻市で生産される、脂の旨みの繊細さで有名なブランド豚「白金豚《はっきんとん》」を譲っていただき、混ぜ合わせます。

そのうえで、味わいをより深くするために、約３年前から塩麹を使うようになりました。

この塩麹も、素材はすべて岩手県産のものを使った自家製です。

２０１０年のこと。知り合いのフードライターさんから「塩麹がブームになる」とうかがったことがありました。確かにその後塩麴ブームがやってきて、私はこれをたれに使えないかと研究を始めたのです。

どこの塩麴を使ったらいいのか、菌や酵母に詳しいプロフェッショナル、岩手県工業技術センターの伊藤良仁さんに相談したところ、「自分でも作れるよ」と言うではありませんか。「えっ？　ほんと？」と驚きましたが、作れるなら徹底的に岩手県産にこだわってオリジナル塩麴を作ろうと思いました。

米は、エピローグで詳しく述べますが絶滅危惧種のクロメダカが泳ぐ地元の田んぼで作られた「めだか米」。酵母菌は岩手県酒造組合の保有している「黎明平泉」。塩は歴史ある野田産のもの。

それらを使い、県の工業技術センターにも協力いただいて、オール岩手の塩麴が完成しました。その名も「オール岩手の塩麴」。そのまんまの名前ですが、これを挽き肉に加えることで、肉の旨みが強くなりました。安定した旨さが出せるようになり、素材の味が引き立つようになったのです。

さらに、このハンバーグにはスペシャルな焼き方もあります。

自分では「三次元焼き」と名付けているのですが、ハンバーグのパテを裏表の2面で焼くのではなく、トングで立てながら6面を焼いて、肉汁を中に閉じ込めながらふっくらと丸みを帯びた状態に焼き上げるのです。

この焼き方だと、食べるときはナイフとフォークを使ってはもったいない。切り込みを入れたときに肉汁がじゅわっと出てきますから、スプーンを使ったほうが美味しくいただけます。

ちなみにこのハンバーグは、品質を安定させるために一度に一定量以上を作るので、練り上がったときの味覚と香りをいい状態で保つために、急速冷凍をかけています。店舗においてお客様に提供する際は、解凍したあとで一度練り直します。冷凍すると水分が分離しますから、この水分を再度馴染ませるためです。

これもまた、お肉の表情を最大限に楽しむ秘訣です。

このハンバーグ・プロジェクトには、大きな夢を持っています。

最近、ニューヨークに視察に行ったときに、かの地ではハンバーガー・ショップはあっても、ハンバーグ・レストランは意外に少ないことに気づきました。また、「KOBE　BE

ＥＦ」として売られている和牛のステーキ用のお肉はあまりに高すぎます。日本で買うよりも４倍以上しています。これではごく一部の富裕層を除けば、一般庶民には手が届きません。

ならば、黒毛和牛のハンバーグを輸出したら欧米人にも気軽に買ってもらえるのではないか。そこから黒毛和牛の美味しさに目覚めてもらえるのではないか。そう考えて、将来的には世界に輸出することも視野に入れて、ハンバーグ作りに取り組むことにしたのです。

まずは岩手で店舗を出して、みなさんに地元岩手の食材で作ったハンバーグを楽しんでいただきます。それを東京に出店して、都会の舌の肥えた人にも喜んでいただきます。そのうえで、世界への出店を考えたい。それが今のプランです。

くり返しますが、この取り組みもお肉の「表情」を大切にすることの一環です。お肉を無駄にしたくない。焼き肉には向かない部位でも表情を大切にして付加価値を高めたい。

そういう取り組みの中で、「岩手産のハンバーグを世界へ」という夢が広がっているのです。

「素材×切り手×焼き手」の妙

ひとつの食材を楽しむときには、料理の仕方でその「表情」は変わってきます。たとえば卵という素材を考えてみても、目玉焼きで食べる場合、片面焼きと両面焼きでも食感は変わります。あるいはポーチドエッグ、スクランブルエッグ、オムレツなどなど、火の入れ方によって味わいは大きく異なります。

お肉もまた同様です。

カットの仕方や火の入れ方で、お肉の「表情」はずいぶん変わってくるものです。同じお肉で、同じ部位を使っていても、この条件が変われば「味が変わる」のです。

お肉に関して一家言持っている常連のお客様からは、こんな言葉をいただくことがあります。

「お肉の切り方は、筋目が読める人が切らないと駄目ですね。逆方向に切られてしまったら、まったく違う味になってしまいます。お肉の厚みも、部位によって最適な厚みで切ってくださるスタッフでないと安心して任せられません。もちろん焼き加減も難しい。いくらいいお肉を用意していただいても、筋目×厚み×焼き方次第で、美味しいお肉になるかどうかが決まると思っています」

このような厳しいお客様にご満足していただかないといけないのですから、私たちサービスをする側にも、厳しい審美眼が要求されます。

「素材×切り手×焼き手」

この三拍子が揃っていないと、和牛に対して舌の肥えているお客様にはご満足いただけない時代になりました。

切り方と火入れの仕方を伝授

ミリ単位のカットの違い

お肉の「表情」を味わおうとする場合、切り方、つまりカットは大切な要素のひとつです。プロローグで読んでいただいたように、私はしばしば「解体ショー」を行うのですが、お客様の目の前で正確にカットができるのは、お肉の本質を学んだからです。

たとえば解体ショーでサーロインの部位をサービスする場合でも、切り方を変えるだけで味わいが大きく変わります。常連のお客さんの言葉にもありましたが、同じお肉でも切り方によって大きく味が異なるので、「素晴らしいカットをしてくれるあのスタッフがいない日にはお店に行きたくない」とまで言いきる方もいるほどです。

カットにもいろいろな種類があります。

薄切り、厚切り、ブロック、サイコロ、しゃぶしゃぶ用、すき焼き用、などなど。

私はお客様にお出しするお肉に関しては、ミリ単位で調整するようにしています。すき焼き用のお肉の厚さでしゃぶしゃぶをやったら、やはり美味しくありません。
同じしゃぶしゃぶで食べるにしても、赤身部位なのか霜降り部位なのかで、最適な厚さも違ってきます。常連のお客様に対しては、部位によってその方の最適な厚さ、嚙み応えがあるカットを心がけています。つまり、カットの仕方もお客様によってカスタマイズしているのです。

そういう舌の肥えたお客様を相手に培ってきたカットの仕方のひとつに、「塊カット」があります。お肉を薄くカットしてしまわずに、１５０～２００グラムの塊で、大きなサイコロ状にして焼くやり方です。

このやり方は、肉汁を中に閉じ込めて旨みを引き出す最良のやり方だと私は思っています。最近はこのようなカットをするお店も増えましたが、焼き肉の流行史の中でも、このカットを流行らせたのは私だと自負しています。

このときのカットの仕方と焼き方を説明しましょう。

塊カット　肉汁を守る切り方

理想的な塊カットの縦と横の比率は、２対１だと私は思っています。

図表3　元祖が教える塊焼きするお肉の切り方

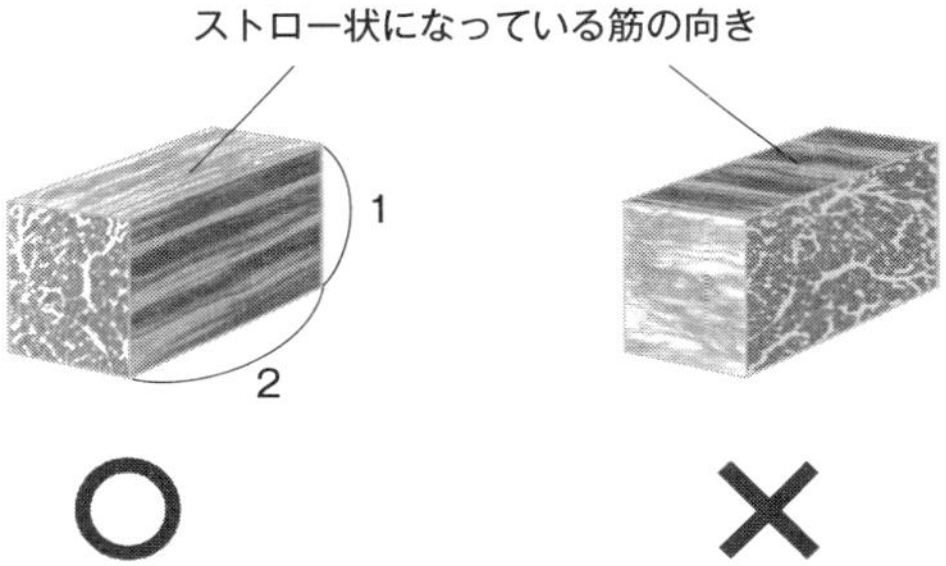

お肉のストロー状になっている筋に沿って縦横2対1の直方体に切りましょう。ちなみに、× のほうは塊焼きではなく、ステーキなどのときの切り方です

問題は、その直方体をどうやって切ってどうやって焼けば美味しいお肉になるかです。

まず覚えておいていただきたいのは、そもそもお肉は、縦の面に向かって細いストロー状の筋が束状に連なっているということです。その中には肉汁が詰まっていて、それを噛みしめることで口の中に旨みが広がります。つまり、お肉を焼くときも切るときも、このストローの中に詰まっている肉汁をこぼさないようにすることがひとつのポイントです。

通常は、この縦の面（縦目）に対して垂直に、順目に切るのがセオリーとされています。そのほうがストロー状になっている筋が細かく切れるので、柔らかくなるからです。

ところがそう切ると、ストローはぶつ切りになってしまって、中に肉汁が溜まりようがありません。そのためには私は、159ページの図のようにセオリーとは真逆に、お肉の縦目に沿って長い辺を切るようにします。そのほうがストローを細かく分断することなく、長い状態で保てるからです。そうすればその中に肉汁を留《とど》めおくことができます。

これが元祖塊焼きの焼き方

さらにこの塊を焼くときに心がけるのは、最初に一気に6面を満遍なく焼いて、ストローの出入り口を塞《ふさ》ぎ、肉汁を中に閉じ込めることです。ただし焼きすぎるとストローが壊れて、肉汁が外ににじみ出てしまいます。そうならないように、表面がチャコールグレイになるくらいまで適度に火を入れて、ストローの口を閉じてしまうのです。

その後弱火にして、ふたたび6面をじわじわ焼いていきます。表面に肉汁がにじんできたら、面を替えながら焼き上げます。

私の焼き方をよく知っている常連のお客さんは、よくこう言ってくださいます。

「千葉さんが焼くとお肉がパンパンに膨れ上がる。肉汁が中に閉じ込められているから肉が膨れ上がるのでしょう。それを噛みしめたら、美味しいに決まっています」と。

お肉が膨れるのは、それまで低温だった肉汁が熱せられることによって70〜80℃になり、体積が膨張するからです。

私はよく、お肉の塊を風船にたとえます。お肉がパンパンに膨れているのは、風船に空気が入っている状態です。ところが空気を入れすぎるとパンクしてしまいます。お肉も同様です。熱を加えるからこそお肉は美味しくなるのですが、熱を加えすぎるとストローがパンクして肉汁が外に出てしまう。

そうならないように、6面に満遍なく火入れしていくことが大切です。

暴れる肉汁が収まるのを待つ

塊焼きにして表面がカリカリになり、中にじっくりと火が通った段階で、私はお肉を火から下ろします。このとき大切なのは、すぐにカットしないこと。温められた肉汁がお肉の中でまだ暴れているからです。

火が入ったお肉は、表面に汗をかいてきます。その汗のかきかたが弱まったあたり、3分から5分程度お肉を落ち着かせてからカットするのが最適です。

火からおろしたお肉は、中の温度が均一になっていないので、肉汁は熱いところと冷たいところを行き来してしまいます。そういう状態でカットすると、肉汁がじゅるじゅるとにじみ出てきてしまいます。

少し落ち着かせてから切れば、肉汁はあまり外にこぼれずにストローに留まり、一口齧《かじ》ればじゅわっと口の中いっぱいに広がります。

この塊焼きの考え方は、どちらかといえばフランス料理やイタリア料理のそれに近いと思います。ローストビーフの焼き方に近いと言ったほうがいいかもしれません。

日本の焼き肉文化には、こういう塊焼きという考え方はありませんでした。

私はお肉の表情をいちばん美しく表現したいと考えて、この方法にたどり着いたのです。最近では、塊焼きを行う店も増えています。第1章で述べたように、現在の焼き肉界のひとつの流行になっていると言っていいと思います。

焼き方は「熱源」ごとに異なる

家庭で焼き肉を楽しむ場合、どんな熱源を使うかで理想のカットの仕方や焼き方が異なります。その基本を確認しておきましょう。

まずフライパンを使って熱源がガスの場合、大切なのはお肉を置いたらあまり動かさないことです。表面に肉汁が出てくるまで我慢して、先に焼いた面で7割、裏返したら3割の割合で焼きます。ミディアムからウエルダンになるあたりが理想の焼き方でしょうか。

熱源が炭で近火の網焼きの場合、肉は厚切りにしてください。熱量が高いので、早め早めに焼く面を替える必要があります。遠火の場合は薄切りのほうが美味しく焼けます。

同じ網焼きでもガスの場合は、薄切り、厚切り、塊焼きと何でも対応できます。先述した私の店の塊焼きと同じように最初は一気に強火で加熱し、表面がチャコールグレイになったら弱火で中までじっくり火入れをします。

フライパンを使って「揚げ焼き」というテクニックもあります。オリーブオイルでもサラダオイルでもいいのですが、最適なのはひまわり油です。油を多めに入れてレードル（スプーンでも可）ですくいながら肉にかけていきます。表面をカリッとクリスピーに焼いて中をレアにしたいときに使うテクニックです。

霜降り部位の塊焼きのときに試してみてください。

予想外の食材との幸福な出会い

牡蠣との出会い　旨みの掛け算

和牛にはさまざまな楽しみ方がありますが、ほかの食材と合わせて、1＋1を5にも10にも魅力を膨らますような相乗効果を引き出す食べ方があります。お肉の「意外な表情」を引き出す方法と言えばいいでしょうか。

現在私がいちばん凝っているのは、牡蠣と和牛のコラボレーションです。おもに佐賀県の太良《たら》で養殖された牡蠣を使っていますが、この出会いが、私にとっての和牛の楽しみ方のある種の「革命」になったと言っても過言ではありません。

ことのきっかけは、あるイヴェントで知り合った、「牡蠣開け師」（牡蠣の殻を生きたまま上手に開ける技術を持った人のことです）の資格を持つ女性との会話でした。

「牡蠣とお肉は相性がとてもいいんです。ぜひシャンパンで合わせてみてください」

彼女に言われて私は、最初は「何を言っているのか」という思いでした。なぜなら私は、一関のとある居酒屋で、「森は海の恋人」という格言で有名な気仙沼の牡蠣漁師、畠山重篤さんの牡蠣をしょっちゅういただいてきたからです。

牡蠣は積算温度（毎日の平均気温を足していった温度）が２１００度になると出産を始めると言われています。それまでの成長過程を追いかけながら、私は年間を通してさまざまな料理法で畠山さんの牡蠣を食べてきました。生牡蠣、天ぷら、牡蠣フライなどなど。牡蠣については誰にも負けないという思いもありました。その私ですら、牡蠣を肉に合わせるなどという食べ方は聞いたこともなかったので、彼女に言われても、「ほんとかなぁ？」と、半信半疑だったのです。

ところが、彼女の紹介でお会いした日本オイスター協会の人との会話の中で、「あっ」と気づくものがありました。

その人いわく、牡蠣は毎日、ドラム缶二杯分の海水を吸って吐いているのだそうです。海の肝臓と言われていて、海水のミネラル分を体内に蓄積しています。つまり、海のミネラルの結合体が牡蠣なのです。

さらに、消化酵素を持っていることも特徴です。だから欧米では、ステーキレストランの前菜には必ず牡蠣料理が出て、それを食べてからお肉を大量にいただくのが通例だと聞きました。

そう言われてみれば――、私にも覚えがありました。

日本ドライエイジングビーフ普及協会の視察旅行でニューヨークを訪ねたときのこと、老舗ステーキハウスの「ピータールーガー」では、確かに生牡蠣が前菜として出されました。その旅は連日お肉責めで、胃袋が悲鳴をあげていたのですが、この店でステーキを食べたときだけはお腹の調子がよかった。お通じがよかったことを思い出しました。

――これは試してみる価値があるかもしれない。

閃《ひらめ》いたのは、この瞬間でした。

海のミネラルの結合体である牡蠣が、プランクトンを食べたアミノ酸の塊であるなら、大地に含まれるミネラルはまず草が養分として吸い込みます。それを牛が食べることで、今度は牛という触媒を経てミネラルがたんぱく質に変換されます。さらに私はこの肉に熟成をかけているので、たんぱく質がアミノ酸に変換されます。つまり大地のミネラルは、草と牛という二重の触媒を経ることで、アミノ酸に変換されているわけです。ということは、牛肉は大地のアミノ酸の結合体ということになります。

となれば牡蠣と牛肉のコラボレーションは、海のアミノ酸と大地のアミノ酸の掛け算となり、まさにこの取り合わせは「アミノ酸革命」とも言えるものなのだと気づいたのです。

――せっかくコラボするなら最高の牡蠣がいい。

そう思った私は、オイスター協会の人の紹介で、牡蠣の養殖職人として有名な佐賀県太良の漁師、梅津聡さんを訪ねました。すると梅津さんは、こう語りました。

――私が養殖している牡蠣は、開閉運動の回数を増やすなどして貝柱を大きくし、甘くなるように育てています。牡蠣の仕上げ工程でも、品種や特徴によって８種類の籠と水深の深度の違う養殖場を使い分けながら、季節風や通過船舶の引き波、潮流などを利用して、牡蠣の味や表情をコントロールしています、と。

この牡蠣なら和牛にも合うはず。私はそう直感しました。

さらに言えば、牡蠣と牛肉のコラボレーションを考えたとき、大切なのは塩味です。牡蠣は殻の中に海水を含んでいますから、同じ海域の生産者と手を組んだほうが味が一定します。そこで私は梅津さんとその周囲の漁師さんたちと交渉して、この地域の牡蠣をメインに牛肉とのコラボレーション料理を開発することにしたのです。

素材と素材のベストマッチング

――うわー、この味は痺れるな〜。

最初に牡蠣と牛肉のコラボレーションを試みたとき、私は痺れるような感動を味わいました。

生牡蠣をローストビーフで包んだもの。牡蠣とお肉のタルタルステーキ。ロース肉で生牡蠣を包んで揚げたフライ。網焼きにしたTボーンステーキの上に牡蠣を載せただけのカナッペ、などなど。

さして手の込んだ料理でなくても、このふたつの素材は、まさにベストマッチングです。強いて言えば、生牡蠣はそのままで究極のオイスターソースです。極上のお肉に極上のオイスターソースが加わるのですから、美味しくないはずがありません。

さらにポイントは、牡蠣の殻を生きたまま開けて、心臓が動いている状態で肉に合わせること。もうひとつは、殻の中の海水を捨てずに、料理に使うこと。牡蠣も水洗いせずに、海水の塩分を利用すること。

こうしたことに注意すれば、「海と大地のアミノ酸の掛け算」「素材と素材のシンプルな出会い」は、今までに味わってきた牛肉の旨みを越える味わいをもたらしてくれます。

消化酵素の働きもあり、これまでどうしても避けられなかった牛肉の脂っぽさも解消されて、いつもより多くの肉を無理なく食べられるというのも嬉しい点です。

２０１５年夏から、格之進では、週末に牡蠣と牛肉のコラボレーションを楽しむ特別メニューを出しています。そのときの一例は、

・牡蠣の旨味水と熟成肉コンソメジュレ
・牡蠣と熟成肉のタルタル
・牡蠣と熟成肉のキッシュロレーヌ〜クレソンサラダ添え
・牡蠣のミネストローネ〜カリカリ熟成肉をのせて
・牡蠣のローストビーフ巻き
・門崎熟成肉のＬボーンステーキと生オイスターソース
・牡蠣と熟成肉のガーリックライス
・チョコレートのテリーヌ、苺アイス添え

といった豪華な内容が並びます。

牡蠣を扱うときは、牡蠣開け師にも全面的にサポートいただき、万全の準備を整えます。

ふたつの食材の出会いで、和牛の楽しみ方がひとつ増えたことは間違いありません。

和牛をお寿司でいただく

私は昔からお寿司屋さんに行くと、ある妄想を浮かべるのが常でした。

——魚は種類がたくさんあっていいな。お肉でも、このようなバリエーションをお寿司で楽しめないかな。

お寿司屋さんでは、カウンターいっぱいにさまざまな魚が並んでいます。けれどお肉に対しては、今でもロースとカルビしかないと思っている人が多いのではないでしょうか。ところが本書でも語ってきたように、和牛には希少部位を合わせると80種類以上の部位がありまます。それらをひとつひとつ握ってもらって、その違いをお寿司のように味わいたいというのが私の憧れだったのです。

寿司屋を営む友人とそんな話をしていて、「ならば和牛でお寿司を握ろう」と盛り上がったことがありました。和牛の産地の前沢では、「肉寿司」を看板にするお寿司屋さんもあるのですが、そこでも1種類の部位しか使っていないことが私には不満でした。

——もっといろいろな部位を扱って、肉寿司を堪能したら面白い。

私は友人に頼んで、肉寿司企画を立ち上げました。

当時はユッケ問題（食中毒事件）が起きる前で、生肉は規制されていなかったので、自由に発想することができました。

——前菜には肉のゆびき（しゃぶしゃぶ）、牛刺身5点盛り、炙り肉のゆびき、みぞれあえ、肉握り5種、軍艦巻きシリーズ（うに、白子、イクラ、ユッケ）などなど。

アイディアはいくらでも膨らんでいきます。肉の鮮度さえよければ、寿司にしたら何を食べても美味しいのです。

現在は生肉は規制が厳しくなったので出せませんが、「プロローグ」で「解体ショー」の最後の場面で書いたように、炙った霜降りを使って握り寿司や軍艦巻きを出すと、お客様は大喜びです。

今も貸し切りイヴェントでは、コースの締めに炙り肉寿司を出すようにしています。

この組み合わせも今後、流行っていくかもしれません。

しゃぶしゃぶお茶漬け

もうひとつコースの締めとしてお出しして大好評なのは、「しゃぶしゃぶお茶漬け」です。

「プロローグ」でも書きましたが、しゃぶしゃぶという食べ方は、お肉にとっては過酷な料理法のひとつです。なぜならしゃぶしゃぶ用のお肉は薄切りなので、お湯（出汁）の中で冷たい状態から一気に加熱するときに、肉汁も香りも外に出てしまうからです。これでは口の中で弾ける肉汁の旨みを堪能できません。私にしてみたら、「お肉残酷物語」でしかなかったのです。

そこで考えたのが、「お茶漬け」です。お茶碗にご飯を軽くよそっておいて、全体にご飯の表面が見えないくらいにお肉を並べます。こういう場合は特選カルビのような霜降りがいいでしょう。

薬味に三つ葉を載せて、昆布と鰹節の一番出汁に塩を加えた熱々の和風出汁をたっぷりとかけます。こうするとお肉自体の旨みだけでなく、肉汁も香りもお茶碗の中に融け出して、美味しくいただけます。

ぜひご家庭でも試してみてください。

パンとお肉の出会い

以前から、パン好き女子の常連さんから、「ぜひお肉とパンのコラボレーションの食事会をやってください」と頼まれていました。はたしてどんなことになるのか、自分でも想像がつかなかったのですが、試しに持ってきていただいたパンとお肉を合わせてみて、目が覚める思いでした。

――こんなにお肉に合うパンがあるのか！

そのとき私はカルビの肉を焼いたのですが、塩コショウを当てるのを忘れていました。味がぼけるかなと思ったところ、その肉をパンに載せ、一口食べてみると、パン自体の味の腰が強く、お肉と合ってとても美味しいのです。

そのパンは、銀座の老舗フランス料理店の出しているパン屋の職人さんが、お肉用に特別に焼いてくださったものでした。その味に感動したことで、パン好き女子の常連さんとともに、本格的に和牛とパンのコラボレーション料理を考えることになりました。

私が用意したお肉は、ローストビーフのスライス、およびミンチ、少し炙ったタルタルステーキ、生ハム、薄切り、ゆびき、ハンバーグ、牛カツ、などなど。

それらのお肉を、持ってきてもらった6種類のパンに合わせてみます。

「コリアンダーが入っているパンは赤身に合わせたいね」

「揚げ物にはパン・ド・カンパーニュがいいね」、などなど。

そんな会話を楽しみながら、その最適な組み合わせを探っていきます。

まるでお寿司のシャリをパンに替えて楽しむような、そんな雰囲気です。

この組み合わせは、ことに女性に楽しんでいただけそうです。お肉のボリュームは少なくて済みますから、胃にも負担がかかりません。

またひとつ和牛の楽しみ方が増えた——、そんな思いです。

第5章　世界一美味しい和牛の作り手が追い詰められている

生産者が減り続けるわけ

この章では消費者の方にはあまり馴染みのない、黒毛和牛の「生産者」の役割や事情をお話ししたいと思います。

そんなこと知ってどうする？　と思われてしまうかもしれませんが、和牛ファンのみなさんに美味しい牛肉をこれからも食べ続けていただくためには、何よりも和牛の生産環境の「サステナビリティ（継続性）」を維持することが必要です。

それは私のお肉に対するポリシーの根幹をなすもの。消費者と一緒になって生産者を守るシステムを作らなければ、世界一美味しい和牛を守っていくことはできません。

ぜひ読者のみなさんにも、生産者の役割や事情を理解していただいて、牛肉環境の継続性（サステナビリティ）作りに一役買っていただきたいと思います。

すでに書きましたように、日本の肉牛生産者は、繁殖農家と肥育農家に分かれます。

繁殖農家は、種牛を使ってメスを妊娠させて子牛を産ませ、それを牛種によって3ヵ月で市場に出す場合と（子牛スモール市場）、9ヵ月から10ヵ月育成したあとで市場に出す場合があります。

市場でこの子牛を買ってきた肥育農家は、牛を太らせたりサシを入れたりするためにさまざまな飼料を配合しながら、およそ月齢30ヵ月まで育てて食肉市場に出荷して競りにかけて食肉業者や問屋に販売します。

子牛の市場は全国各都道府県にあり、各地から肥育農家がやってきて目ぼしい子牛を買いつけていきます。たとえば宮崎県で生まれた子牛を岩手県の前沢牛の肥育農家が買いつけて、自分の牧場で20ヵ月育てて出荷した場合、前にも書いたように、その牛は「前沢牛」というブランドを背負うことになります。

子牛の値上がりに疲弊する生産者

現在、日本では肉牛は約２８３万頭が飼育され、年間47万トンの肉が生産されています。それを育てる畜産農家（繁殖農家＋肥育農家）は約５万４４００戸。この数字は、直近の３年間でも６万１３００戸→５万７５００戸→５万４４００戸と減少し続けています。

畜産農家の経営はとても厳しくて、後継者不足も深刻化しています。現状では、震災以降福島の生産者の多くが生産をやめたことや、伝染病の口蹄疫《こうていえき》問題、出資者をだまし経営破綻した安愚楽共済牧場事件などが重なり、子牛の出荷数は約2割減りました。そのため品薄となり、子牛の値段は高騰しています。その分、肥育農家にしわよせがいって、厳しい状況が続いています。

2015年4月に、全農いわて県南家畜市場で子牛の競りを視察したときも、月齢10ヵ月前後のオスで50万〜60万円、メスでも50万円以上の値をつけていました。最高値はなんと69万円！

これを見たある肥育農家の生産者は「こんなに高くなったらどんなに頑張っても儲けにならない」と嘆いていました。

たとえば子牛を60万円で買いつけてきたとしましょう。肥育農家はこれを約20ヵ月かけ、500キロ程度の成牛に育てて出荷します。キロ2000円で売れても、売値は100万円。仕入れ原価を除けば、40万円しか手元に残らない計算です（実際にはA5の格付けを得ればキロ2400円程度の値をつけることもありますが、逆に格付けが悪ければ2000円を割り込むこともありえます）。

これを20ヵ月で割ると、単純計算で月に2万円です。ここから飼料代や人件費、獣医の経費、薬代、途中で牛が死んでしまうことのリスクなども考えなければなりませんから、とても儲けにはつながらないのです。

１００頭単位で飼っている大型の農家ならばスケールメリットが追求できますが、家族経営している小型の畜産農家では経済環境がとても厳しく、離農が進んでいることもご理解いただけると思います。

ゴールが違う繁殖農家と肥育農家

さらに問題は、本来は一枚岩であるべき繁殖農家と肥育農家で、目指すべきゴールが違うという点です。

繁殖農家のゴールは、あくまでも産ませ育てた月齢10ヵ月前後の子牛が高く売れることです。高く売るためには、子牛を市場に出すときに、すでに立派な体格をしていて肉付きもよく、「このまま肥育したら大きな牛になる」と思わせる牛でないといけません。

もちろん子牛が大きく成長するためには、飼料の配合を変えたりすることも大切なのですが、やはりポイントは「血統」です。黒毛和牛は血統証（登記書）を見れば先祖がたどれますから、両親や祖父母が立派な体格をしていた子牛を育てることが、一般的には「高く売れる子牛作り」の基本となっています。

問題は、すでに書いたように、「大きく育つ牛＝美味しい牛」ではないという事実です。

私が敬愛する和牛の生産者（肥育農家）の千葉浩二氏（以下、浩二さん）は、子牛選びについてこう語っています。

「子牛の時期は胃袋づくりをする時期です。体形が馬のように細長い牛はその点であまり魅力はありません。私が選ぶならば、骨格が張っていて体全体のバランスのいい牛ですね。あまり子牛の時期に栄養のいい飼料を食べさせてしまうと、腰回りに余計な脂がついてかえってよい牛に育ちません。尻尾の周囲に脂がついている牛もよくありません。子牛の後ろ姿を見て、肌を触ってみて、肉のつき方のバランスを判断します。

黒毛和牛の場合は、肌の色はどこから見ても黒がいい。今は品種改良されて茶色でもよしとされていますが、やはり肉の美味しさでいえば黒が勝《まさ》ります。スタイルは、血統証にある父親か母親に似た特徴があるものがいいでしょう。

また性格も、あまりに気性が激しい牛も、反対にびくびくしていたりおとなしすぎる牛もよい牛に育たない。肥育農家では群れで飼うケースが多いですが、集団の中でも堂々としている牛が将来的には期待が持てます」

このように、肥育農家の目利きは、牛について全体的な視点で、月齢30ヵ月になった時点での牛の姿を見通しているのです。子牛時代に贅沢な飼料を与えて余分な脂がついてしまうよりも、この時期には胃袋作りが大切なのです。体が大きいからいいというわけではなく、そういう子牛を見極めることが肥育農家のポイントです。

子牛の体を大きくしたい繁殖農家と成牛になったときの理想形を求める肥育農家。目指す牛作りのゴールが違うと言ったのはそのためです。

繁殖農家が育てた生後約10ヵ月の子牛を見た瞬間に、その20ヵ月後の姿が見えてこなければ、肥育農家として成功することは難しいと思います。

肥育農家それぞれの理想の牛作り

一方、繁殖農家から子牛を買ってきて、成牛になるまで育てる肥育農家のゴールは何でしょうか。もちろん市場に出すときに利益率の高い牛を育てたいと誰もが思うのですが、そこにいたる道筋が異なるというのが現実です。子牛を買ってきて約20ヵ月育てる肥育農家は、それぞれに「自分なりの育て方」を持っているものです。

経営している牧場の環境や、流通業者との関係などを考えて、肥育農家ではたとえば以下のように牛作りをイメージします。

1　短期で大きく肥育して高い利益率を出したい。
2　サシを豊富に入れてA5ランクの格付けをとり、単価を上げたい。
3　小柄でもいいから、肉質にこだわった牛を育てたい。

「1」のパターンを選ぶ場合、繁殖農家から仕入れるのは増体系の子牛で、去勢牛です。美味しい牛というよりも、早く大きく育てて「回転率」を高めて「儲かる牛」を目指します。

「2」のパターンは、飼料の設計を工夫します。「脂作り」の期間になったら飼料からビタミンAを除いて、ひたすらサシを入れることに専念するのです。こうしていくと、牛は一定の割合で肝硬変になったり糖尿病になり失明したりする場合もあります。それでもA5を目指して、ひたすら霜降り牛を育てるパターンです。

「3」のパターンは、メス牛を育てるパターンです。先に紹介した浩二さんは、このパターンの牛作りを得意としています。

健康体で赤身の柔らかい肉が理想

最近の生産者（肥育農家）は、市場の嗜好の変化を見定めて、過剰な霜降りよりも「健康体で赤身が柔らかい牛作り」に挑戦する人が出てきました。サシを入れるにしても、あっさりした脂質で量を食べても胃にもたれないお肉を目指しています。

「儲かる牛よりも、お肉を何グラム食べても胃にもたれない牛」を育てたほうが、結果的に消費者の支持を得られるということに気づいた生産者が現れてきたのです。

そのために、どんな育て方をしているのか。

再び生産者の浩二さんに聞いてみましょう。


「理想の牛を育てるためにいちばん大切なのは、生産者の『想い』が牛に乗ることだと思います。つまり、生産者が牛の気持ちになって育てているかどうかということです」

具体的に「想いを乗せる」とはどういうことなのか。

たとえば成育過程において、消化のいいビールの酵母やとうもろこしを使った発酵飼料を与えることが多くなりました。そのときも、自らその臭いをかいで発酵の度合いを確かめながら与えないといけません。牛に効果的に発酵飼料を与えるためには、大切なことです。

あるいは藁《わら》を与えるときも、牛があまり食べないようだったら『何でくわねんだべ？』と考えて、藁の長さを調節するなどの配慮が必要です。

通常、牛は牛舎につながれたままで生活しているのですから、今何がほしいのか、何を要求しているのか、生産者は牛の気持ちになって考えるのです。塩がほしいのか、土がほしいのか、すぐに気づくようにならなければ生産者の想いは牛に乗りません。

病気の発見も、毎朝の確認で一目でわからないといけません。早期に異変を発見できれば、栄養剤やそのほかの薬を与えることで8割は治せます。体温を計ったり体を触ることで、牛の調子を見分けるのです。初期に病気を見つけられたら治るものも、末期になったらもう手遅れです。

常に牛の細部を観察することが、美味しい牛を育てる最大のポイントなのです。

肉の目利きを目指し研鑽しあう

牛を見ただけで味がわかる

実は私は、黒毛和牛の肉の見方や選び方、あるいはその育て方を勉強するために、浩二さんとは長いあいだコンビを組んできた歴史を持っています。浩二さんは私にとって、お肉の勉強のよきパートナーだったのです。

サラリーマンを辞めて焼き肉店を開いた当時、私はお肉のことが何ひとつわからない素人でした。枝肉を選ぶことも切ることも焼くことも、学ばなければいけないことだらけです。

当時は浩二さんも、ほかの業界から私の兄が営む牧場に転職してきたばかりの雇われ生産者で、やはり牛について学ばなければいけないことがたくさんありました。こう語っています。

「食べられるために生まれてきた黒毛和牛に、最大の付加価値をつけることが私たちの使命だと思いました。食べてくださった方が『美味しい』『食べると活力になる』と思ってくださるようなお肉を作ること。預かった牛が、最高の付加価値をつけるように育てること。そのためにはどうしたらいいのか、日々考えていました」

当時浩二さんは、朝は6時から牧場で働き、夕方になると私の店に来て肉を切りながら枝肉の状態とお肉に対するお客様の反応を観察していました。

「自分が育てた牛が市場で競りにかかって千葉さんの店に買われてきて、お客さんに提供されます。自分たちが育てた牛がどんなお肉になり、それを食べたお客さんがどんな反応をするのか。目《ま》の当たりにできるのは貴重な体験でした」

たとえば、肥育期間に大豆やお米、とうもろこしなどを特別に配合した飼料を与えた牛の枝肉を買ってきて、自分たちでもその味を確かめてみます。すると、

「米を与えた牛は味がたんぱくだね。軽い味わいになる」

「とうもろこしを与えると、脂分が強くなる。こってりした味わいだ」

というように、飼料の違いによる肉質の変化や特徴がわかります。それらを、ひとつひとつ確認していったのです。

さらに毎週日曜日の夜には最終の新幹線に飛び乗って、月曜日の早朝から芝浦の東京食肉市場で開かれる松阪牛や自分で育てた牛の競りの様子を観察にも行きました。

芝浦で浩二さんは、自分の牧場の牛が枝肉になったものの番号を調べておき、松阪牛との

値段を比較したり、自分の牛を買った業者を訪ねては質問をくり返しました。

「お肉の味はどうでしたか？　脂の味はいかがでしたか？」などなど。

そうやって自分の育て方とその結果を照合しながら、一歩一歩理想の牛を目指して学んでいったのです。私もその伴走者として、ひとつひとつお肉の本質を学んでいきました。

こういう地道な努力を十数年間行ってきた結果、浩二さんも私も、枝肉を見るとその牛の過去の歩みがおおよそわかるようになりました。

育成期間、飼料の種類、肉質や脂質、などなど。

枝肉全体の骨格や肩の張り具合、あるいは肉の締まり具合や脂分の色から、「この肉はこんな味がするだろう」というイメージが持てるようになったのです。

子牛市場で牛を見ていると、浩二さんがつぶやきます。

「あの牛は気性が荒そうだからサシも粗いな」

「あの牛はお父ちゃんに似ているから、きっと出世するな」などなど。

浩二さんの視線は、子牛の将来も見通しています。それくらい牛に対する観察眼がなかったら、いい生産者とは呼べないのです。

私たちもまた然《しか》り。肉の目利きになるためには、このような努力が必要です。

被災地の生産者とともに歩む

私は日ごろから「いわて南牛」のブランド化を推進していますので、ほかの産地の牛は通常は買わないのですが、例外もあります。

それは、「プロローグ」でも書きましたが、千葉県山武市産の黒毛和牛の枝肉を購入していること。この地の「小林牧場」の牛を、私は応援しているのです。

小林牧場は、東日本大震災の前までは福島県飯舘村にありました。

周知のように震災と原発事故の影響で、飯舘村は避難指示区域になり、約230軒はあったという畜産農家は、故郷を離れなければならなくなりました。当時飼育されていた肉牛の数は約2600頭。なかなかの規模の生産地でした。

もともと小林さんは「授精師」でした。畜産農家を回って、母牛に精子を授精させる仕事です。約25年前、まだ私の父が元気だったころ、子牛の肥育の方法を門崎牧場に教わりに来たことが、わが家とのご縁の始まりでした。家族ぐるみのおつきあいとなり、私の結婚式にも出席してくださるまでになりました。

ところが震災後、ぱたりと連絡がこなくなり、私はどうしているかと心配していたのです。報道によれば、飯舘村の畜産農家のほとんどは牧場経営を諦《あきら》めて、東電からの賠償金をもらって牛を手放したとのこと。あの状況では小林さんもそうせざるをえなかったのではないかと、案じていました。

ところがその年の秋ごろのこと、小林さんが突然家にやってきてくれました。この年の7月、父が胃がんで亡くなったので、お線香をあげに来てくれたのです。

無事を喜んで近況を聞くと、村内の生産者でただひとり、牧場を存続させることを希望して、約１００頭の牛を引き連れてまずは宮城県の蔵王に避難。そこもセシウムの問題で生産に適さずに、さらには千葉県の山武市に適地を見つけて牧場を移したというのです。もちろんそこにいたる過程ではさまざまな難問があったそうですが、多くの人の支援を得て、小林さんは牧場を続けることができたのです。小林さんは言います。

「私は日本一幸せな被災者です。みんなに助けられて牧場も続けられているんだから。ほかの生産者も牧場を続けたかったけれど、それができなかったんです。私には牛飼いしかできないから、この道しかありません」

私はこの言葉に感動して、小林さんの牧場の牛を買い支えることにしました。小林さんが市場に出荷した牛を高値で競り落として、買い取ることにしたのです。

最初に買った牛の肉を熟成させたあと、小林さんはそれを買い戻し、飯舘村の仲間が生活している福島市松川地区の仮設住宅に持っていき、そこで450人分の焼き肉として振る舞いました。小林さんから地元の方への感謝の印でした。

取り引きが始まってから、私は小林さんに提案しました。

「これまでの飼育方法を変えてみませんか。これからは牧場がブランドになる時代です。美味しい牛であれば、地域ブランドがなくても消費者はついてきてくれます。そういう牛作りを目指しましょう」

具体的には、飼料の配合を変えることを提案しました。ビール酵母を使った発酵飼料を勧めたのです。この飼料を与えると、牛は胃が強くなり、食欲が増します。

もうひとつは、肥育する月齢を延ばすことでした。それまで小林さんは、月齢28ヵ月程度で出荷していました。これを33〜36ヵ月程度にまで延ばせば、それだけ熟した牛に育ちます。もちろんそれにはリスクをともないますが、小林さんは決断してくれました。

すると、お肉の味が変わったと小林さんは言います。

「前の牛よりも熟成していて赤身が美味しくなりました。お肉の味がぐわーっと迫ってくる感じです」

現在格之進では、小林牧場のお肉はネットで販売している「お取り寄せ」用に使っています。また弊社だけでなく、某コンビニエンスストア系列の企業がネット販売してくれてもいます。山武市内の飲食店でも「地元の和牛」として好調な売り上げをみせているとか。最近では、小林さんが育てた牛が市場で「Ａ５」の評価も得るようになりました。

「震災後に蒔《ま》いた種がようやく花をつけつつある」

小林さんはそう言って喜んでいます。

私は「解体ショー」で小林牧場のお肉を使うときは、なるべくその場に小林さんにも来てもらうようにしています。そしてお客様に、どんな思いで牛を育ててきたか、この牛がどんな性質の、どんな牛だったかを話してもらうのです。

普通肉牛の生産者は、消費者とこんなに間近に相まみえることはありません。食べたあとにお肉の感想を聞いたりすることは、とても貴重な経験のはずです。

こういうことも、私は生産者を守るというベクトルの一環として行っています。

そういう意味でも小林さんの復活は、私にも嬉しいこととなっています。

和牛の放牧飼育を日本中に広める

常識破りの九大のQビーフ

小林牧場のケースでもそうですが、牧場経営から小売りまで垂直統合している強みをベースに、私は生産者のみなさんに対しても、新しい提案をしていきたいと思っています。

たとえばそのひとつに、九州大学の後藤貴文准教授と連携し市場調査を進めている、黒毛和牛「Qビーフ」の画期的な取り組みがあります。

それは、黒毛和牛を地方の中山間部で放牧して飼育すること。

和牛の生産者たちからしてみれば、そんなことは「考えたこともない」ことだと思います。黒毛和牛の子牛は、牛舎に入れて成長に合わせて飼料を配合して、大切に育てて霜降りにしていくというのがこれまでの常識だったからです。

けれど完全放牧も、アカデミズムの理論とマーケットの動向を考えれば、けっして不可能でも非常識でもないと私は思っています。

このことを可能にするひとつの理由は、後藤先生が研究されている、生まれたての子牛のころから施す「インプリンティング」という方法です。

この理論は、幼少時に高たんぱくのお乳を与えることで子牛が高カロリーを欲する体質にしていき、放牧しても餌を豊富に食べるように仕向けるというもの。もともと和牛は、放っておいてもＡ２とかＡ３の格付けをもらえる程度には成育する能力を持っています。だから完全放牧しても、自らカロリーを欲して大量の餌を食べるように仕向ければ、ある程度の格付けの牛にはなるはずなのです。

このやり方は、いくつかの理由からマーケットにも支持されるはずです。

これまでは、生産者が飼料の配合を組み立てることで、Ａ４やＡ５の牛を作ってきました。けれど最近のマーケットは赤身志向で、過度の霜降りはあまり必要とされていません。

そこで、「放牧」というスタイルをとれば、牛舎を建設したり特別な飼料を配合したりするコストがかかりませんから、比較的安価で赤身肉を食べることが可能になります。

またこの方法のもうひとつのメリットは、日本各地の中山間地域に「放牧場」という景観が生まれることです。これまでは肉牛は牛舎の中で飼われていましたから、ヨーロッパのような牧歌的な牧草地が広がる風景はありえませんでした。けれど放牧スタイルが広まれば、日本の田舎の風景もずいぶん変わります。北海道の日高地方の競走馬の牧場のように、草原で牛たちが牧草を食《は》む光景が楽しめるのです。

地域の景観に貢献できたら、観光資源としての価値も高まるはずです。その意味でも、一考に値する提案だと思っています。

Qビーフへのマーケットの反応

問題は、完全放牧で育てた和牛のお肉の味です。赤身志向のお客様が増えたのは確かですが、Qビーフは A2やA3評価のお肉です。熟成をかけるとはいえお客様が美味しいと言ってくださるのだろうか？　普通に飼育した和牛との味の違いはどの程度なのだろうか？

後藤先生と私は、マーケットの反応を知りたくて、私の店で「お客様に食べていただく会」を開くことにしました。完全放牧の黒毛和牛「Qビーフ」と、通常の飼育をした黒毛和牛の同じ部位に、同じ熟成をかけて食べ比べしてみることにしたのです。

もともと後藤先生は、私の店でお客様の反応が知りたいという希望を持っていらっしゃいました。アカデミズムの先生方は理想論で研究はできますが、マーケットのダイレクトな反応を見ることができません。

後藤先生は自分が座長を務めている「日本産肉研究会」に私を誘ってくださって、ときには私に研究スピーチをさせてくださったりもします。私もまた、大学の先生方とお肉に対する研究を行えるのは願ってもない喜びですから、努めて参加するようにしています。

そうやって交流を深めながら、アカデミズムとマーケットの融合を図ってきたのです。

今回の完全放牧の黒毛和牛の研究も、そういう一環で生まれてきたものでした。

私は大学の研究所で育った月齢38ヵ月、メス牛、等級はA3、枝肉で360キロのものを一頭買いしました。

その肉を、九州の冷蔵庫で3週間枯らし熟成させて、さらに東京に持ってきてロースとも肉は3週間の枯らし熟成をかけ、肩とばらは2週間のウエットエイジングをかけて準備しました。普通に飼育された同じ条件の黒毛和牛と食べ比べて、どんな結果が出るか。私にも楽しみな会となりました。

当日集まってくださったのは、私が主催している「肉肉学会」のみなさんでした。学会といっても非公式な集まりですが、そこには理化学研究所の脳外科の先生や、慶應義塾大学のデザイン工学の先生、セブン‐イレブンのドーナツの開発責任者、ソニーの経営企画室の方など、立派な経歴の方々が集まってくれています。

どなたも肉好きで、私のお肉の理論に食らいついてきてくださる人ばかりです。食べ比べてみた結果、参加者は口々にこんな印象を語ってくださいました。

「Qビーフは繊維質が強くて、食べたときに肉々しい味がするね」

「Qビーフは脂の味がくどくない。甘みを感じるな。ほのかに草の香りもするし」

「普通の和牛に比べて、Qビーフのほうが食べていて飽きがこない気がします。量が食べられるんじゃないかな」

「この肉質ならば女性にも好まれるでしょう。ワインにも合いそうだ。一度女性会を開いてみたらどうですか?」

と、おおむね好評だったのです。

この日使ったQビーフは、述べたように等級はA3といえどもメス牛で、月齢38ヵ月、枝肉で360キロという、ある意味で熟成をかけるには理想的なお肉でした。このような条件をつけていけば、完全放牧の黒毛和牛でも美味しくいただけるという確証が得られたので、今後も後藤先生たちにはこの研究を続けていただきたいと思っています。

全国各地で完全放牧の和牛の姿が見られる日も近いかもしれない——、現状をよりよく改革したい「お肉の変態」としても、またひとつ楽しみが増えました。

生産者を守れば消費者が喜ぶ

このように、私はこれからもアカデミズムの先生方と手を組んで、マーケットを巻き込んでさまざまな研究を行いながら、生産者にも提言をしていきたいと思っています。なにより私はマーケットの動向を体感しているのですから、その情報を生産者や先生方にフィードバックしていくのが使命です。

第3章でも書きましたが、霜降り神話を作ったのは国の方針でもありました。生産者の利益を考えて、増体系の種牛がもてはやされてオスの去勢肉が増えました。バブル期にはそのお肉が美味しいとされましたが、現在の消費者は舌が肥えてきて、それでは満足しなくなってきた。ただの霜降り肉では美味しくない、もっと美味しい赤身が食べたいと、消費者が原点回帰してきたのです。

そこで本書でも書いてきたような、美味しい牛肉を作る努力が始まりました。

だからといって、日本独特の「美学」である霜降り肉を否定する必要はありません。これからは、増体系の霜降り肉は輸出に回せばいいと考えます。美味しい赤身のお肉は国内で消費すればいい。

その一方で、熟成をかけることを前提に、A２、A３の赤身でいいならば、コストも手間もかからない放牧の和牛がいてもいいだろう。

そのように、コスト意識やマーケティング意識を高めていって、和牛の多様な価値を生み出し、生産者を守る環境が生まれればいいと私は思っています。その努力を続けることが、「日本の宝」である黒毛和牛を守ることにつながるのです。

生産者自らが価格をつける試み

新しい生産システムを模索する一方で、私は生産者自らが自分の作り出す牛に誇りを持って、自ら付加価値をつけていくことも大切だと思っています。

かつて岩手県の久慈《くじ》で、短角牛の生産をしているある農家が直営店を開くときに、そのお手伝いをしたことがありました。

和牛の一種である短角牛は、赤身が柔らかくて美味しいことで知られています。成育が早く、放牧にも向いている牛です。

けれど当時は岩手県や北海道では知られていても、首都圏にはあまり出荷されていない牛でした。そこでこの農家でもこの牛を首都圏に出荷するときに、地元のマーケットの相場観を見てキロ当たり１２００円程度で出荷しようとしていたのです。

「その価格では経営が成り立ちません。首都圏を対象にするときは、もっと高値をつけたらどうでしょうか」

私はそうアドバイスしました。この農家では牛を一貫生産していて、市場から枝肉を買い戻し、自ら加工して販売していたので、自分で価格をつけることが可能だったのです。

――もっと生産者がプライドを持って、自分の生産物に自分で適正な価格をつけることが大切だ。

私はそう信じていたからです。キロ当たり１６００〜１８００円で出荷してはどうかと、提案しました。

首都圏のお客様ならば、生産者の顔が見えて（追跡可能性＝トレーサビリティ）安心安全なお肉で味が美味しければ必ず理解してくれます。生産者も短角牛の特長をしっかりと説明して、その美味しさをアピールすれば、ファンは増えるはずです。現状で、黒毛和牛はキロ当たり２０００〜２２００円程度ですから、短角牛が１６００円程度ならば価格的にも納得できるはずです。地元のお客様に対しては、直売所を作って地元価格に戻して販売すれば、なんの問題もありません。

そうやって、自分の生産物の付加価値を自らつける努力をしていくことが、これからの生産者に必要とされることだと訴えたのです。

今ではこの牧場の短角牛のお肉は、都内の一流レストランでも使われるようになり、ブランドイメージも上がりました。

述べてきたように、これからは牧場が自らブランディングしなければいけない時代です。私が熟成にこだわるのも、「いわて門崎丑」や「いわて南牛」がブランド力をつけるためには、そういう付加価値が必要だと思っているからです。

世界の市場で和牛の価値を守るために、今後は生産者自らの改革も必要なのです。

エピローグ　和牛から始まる「公益的ビジネス」

故郷一関の「地産外商」活動

ここ2年間、六本木にある私の店では、故郷一関の方言が飛び交う会が定期的に開かれています。

六本木で生産者を盛り上げる会

「うまいもん! まるごといちのせきの日」

貸し切りで行われるこのイヴェントには、毎回、勝部修・一関市長をはじめとして、市役所幹部職員、さらには一関の野菜や果物、お米などの生産者もやってきます。客席に並ぶのは一関出身者には限らず、「美味しいものが食べられる」という噂を聞きつけた、首都圏で生活するグルメ、グルマンたちです。

テーブルには、もちろん私が推奨する「いわて南牛」の料理も含まれますが、すべて一関産の野菜、果物、米、加工品、ジュースなど、さまざまな生産物から作られた料理が並びます。

ある日のメニューを紹介すると――、つぼみ菜のおひたし、南部一郎かぼちゃの変わり3

種、黄金米豚の角煮、凍《し》み豆腐と凍み大根の煮物、一関野菜のあえもの、いわて南牛の厚切り2種（サーロイン、上もも）などなど。

会の冒頭、挨拶に立った勝部市長は、こう語りました。

「ていねいに育てられたいわて南牛は市場の評価も高く、肉本来の旨みが凝縮されています。また今日の料理に含まれる南部一郎かぼちゃは、研究を重ねて作られた品種で、その特長は糖度の高さです。一関の生産物を、じっくりと味わってください」

この言葉にあるように、この会は一関市が主催して、「地産外商」の一環として行われているもの。地場の生産物を外（＝首都圏）で消費してもらい、一関のＰＲに努めようという趣旨の会です。私は、故郷一関の第一次産業の発展と、生産者を守るために、この会の趣旨に賛同して初回からずっと会場を提供しています。

一関市役所内にあって、市長の特命でこの活動を始めた岩渕敏郎さんは、こう語っています。

「首都圏に一関のＰＲをしたい一心で始めた会でしたが、千葉さんと出会うことによって、『美味しいものの裏側の物語を伝えよう』というコンセプトがくっきりしました。一関は８つの市町村が合併してできた市なので、当面はその８地区ごとに『うまいもん』を集めています。生産者もこの会場に来て、写真やパワーポイントで生産物の裏側にある物語を伝えていきます。これからも定期的に開催して、『たまごっち』のように、お客様に一関を育てていただきたいと思っています」

こうして格之進では、2013年の春から、定期的にこの会が続いているのです。

それにしても、熟成肉を扱う焼き肉店がなぜ故郷支援なのか——。

そこには、私が黒毛和牛を愛し、その焼き肉文化を広めていきたいというポリシーの、もうひとつの理由が込められています。

「幸せな金持ち」を目指そう

今から約10年前。私には、改めて驚く出来事がありました。

「母はこんなにも地元の人に愛されていたのか——」

最愛の母が亡くなり、地元のお寺で葬儀が営まれたときのこと。私には信じられないような光景が展開されました。

私の故郷は、現在でこそ一関市と合併しましたが、かつては川崎村という小さな集落でした。人口は村全体でもおよそ4000人弱。砂鉄川に沿って田園風景が広がる、典型的な日本の田舎です。

ところが母の葬儀には、村の全人口の約4分の1、約1000人もの方々が弔問にやってきてくださったのです。

みなさん口々に「ひでちゃん、天国に行ってしまうのはまだ早かったねぇ」「祐士さんの新しい店を見られたらよかったのにねぇ」などと、お悔やみの言葉をかけてくださいます。

確かに母は、地域のみなさんに必要とされる人でした。人のためには身を粉《こ》にして働くし、クリスマスなどには、ありったけのお金をはたいてケーキや鶏のもも肉をたくさん買って、近所の家や親戚に配ったりするような人だったのです。わが家は決して裕福な家ではありませんでしたが、母は常に地域の人のことを思い、人さまのためになることを喜びとして生活していた人でした。

弔問にやってきてくださる人の波を見ながら、私は思いました。

――私が死んだとき、どれくらいの人が来てくれるのだろうか、と。

それまで私は、焼き肉店を経営しながら、「いわて門崎丑」をブランドにしたい、お金持ちになりたいという一心で働いていました。一関の駅前に出した1号店が成功したら次々に支店を出して、いずれ東京に出店して大きなチェーンにしたいと目論《もくろ》んでいたのです。

けれど仮にそれがうまくいったとしても、私の葬儀に地元の人は集まってくれるのだろうか？　私の働きは、何か地元の人たちに貢献しているのだろうか？

そう思うと、自分の葬儀の寂しいシーンが見えるようで、悲しくなってしまったのです。

その日を境に、私はある決心をしました。

——もっと地域に貢献できる店にしよう。店の成功を地域のみなさんにも喜んでもらえるような、「幸せな金持ち」を目指そう。

そう思って、それまでの生き方とは一線を画すことにしたのです。

経営スタイルをがらりと変える

このとき起こしたアクションのひとつは、一関市川崎町内にできた「道の駅」の前に新店舗を建設することでした。かねてからここには土地だけは確保していたのですが、店舗を作るにはいたっていませんでした。けれど「母の一周忌を新しい店でやろう」と考え、少々無理をして本店をここに建設することにしたのです。建物は民家風の大きな造りで、バックヤードを広くとって、お肉の切り分けや真空パック詰め、ハンバーグなどの加工もできるような精肉加工機能を持たせることにしました。

もうひとつのアクションは、店で使う食材では徹底的に「地元産」にこだわることにしたのです。

それ以前にも、ある調査で「地産地消度」を調べられたとき、格之進は「2つ星」をいただいていました。焼き肉店として地元の兄の牧場の牛肉を100パーセント扱っていたのですから、その評価も当然です。けれどここからは、牛肉だけでなく米も野菜もそのほかの調味料も、できる限り地元産を使うことにしました。

地元の食材を扱えば、お食事をしてくださるお客様が支払ってくださる対価は、めぐりめぐってすべて地元の生産者に還元されることになります。そうやって地元の生産者が元気になれば、より素晴らしい食材が生まれてきます。その食材が美味しければ評判も広まって、当店への来客が増えるばかりでなく、一関や岩手県のファンも増えていきます。

同じ牛肉を扱うレストランでも、輸入牛肉、輸入米、産地にこだわらない安い野菜などを使って「価格競争」を展開していたのでは、岩手県の生産者には何も還元されません。

そうではなくて、私の店では岩手県の生産者の「想い」を伝えていこう。

牛肉もお米も野菜も調味料も、一関産や岩手県産を使うことで、地域の食文化の情報発信基地になろう。

生産者を守るために、生産物の美味しさを最大限に引き出して付加価値をつけよう。
そう考えて、経営スタイルをがらりと変えたのです。そこからが、言ってみれば私の「故郷支援＝クール一関」活動の始まりでした。

めだか米との出会い

そんななかで、今から5年前。地元で生産されている「めだか米」との出会いがありました。

このお米が生まれたのは、２００４（平成16）年に始まった農水省の圃場《ほじょう》整備事業によってこの地域の水田約64ヘクタールが整備され、そこを管理する「門崎ファーム」という農業組合法人が作られたことに端を発しています。代表の千葉榮恒さん（以下、榮恒さん）が言います。

「このあたりの農家は高齢化が進み、働くのがしんどい、機械も古くなった、田んぼも狭いという三重苦四重苦の状態でした。そこで補助金を使って田んぼを区画整理して広くし、組合を作って地域の担い手に利用権を渡し、米作りを推進することになりました。

そのとき、岩手大学の農学部の先生から『この地の田んぼにはクロメダカが棲んでいる。

絶滅危惧種に指定されていて、ここは最北の地だ。ぜひこの環境を残してほしい』と言われたのです。そこで、メダカが棲めるくらい安全なお米ということをアピールしていこうということになり、整備する田んぼの水路の一部にはコンクリートを打たないようにして、メダカが越冬できる環境を残したのです。その試みが実を結び、今では年間25トンのめだか米を生産しています」

とはいえ、生産を始めた当初はどのように売っていけばいいのか、組合でも頭を悩ませていたようです。出荷は以前のように農協頼みだったために、別枠で売ってもらっていたけれどブランド力は高まらず、いまひとつ伸び悩んでいました。

そんなとき私がこのお米の存在を知り、「ぜひ使わせてください」というと、大喜びで譲ってくれることになりました。

もともと川崎産のお米の銘柄は「ひとめぼれ」。20年以上連続で「特A」の評価を受けているほど、美味しいという評価はありました。そこに「メダカも棲めるめだか米」というキャッチフレーズがついたのですから、東京のお店で出しても大好評となりました。

現在、私が経営する7店舗では、すべての店でこのお米を使っています。めだか米だけでなく、やはり地元産で美味しさの裏側に生産者の「想い」や「物語」のある「力男米」や

「骨寺村荘園米」といったお米も取り寄せて、「オール地域還元米」態勢で臨んでいます。

もっと一関のファンを作りたい

もちろん、こうした態勢で営業するためには、ある種のリスクもともないます。

もともと生産者を守るために始めた取り組みですから、田植えの前に「今年は何キロをいくらで買う」という約束を交わします。生産者のみなさんには安心して作付けをしていただけるように購入価格も高めに設定しています。2014年には米価は大きく下がりましたが、それでも事前に設定した価格で買い取らせていただきました。

価格だけで言えば、一般に流通しているブランド米のほうが経済的であることは間違いありません。けれど地元の生産者と連携して、地元の味を表現してそれを守っていく店というイメージをきちんとお客様に伝えるためには、この負担は当然だと思っています。

もちろん収穫が終わったら、生産者のみなさんには東京の店に来ていただいて、新米のお披露目会も開きます。

そうすることでお客様との距離も近くなり、最近では、田植えのときにわざわざ川崎町まで出かけて行って、手伝ってくれるお客様も現れるようになりました。

このように地元の生産者とうまく連携がとれたのは、リーダーである桑恒さんが長く役場の企画課や農政課で働いていた人で、地元の人たちからの信頼が厚かったからという理由もあります。組合の人たちが一枚岩だったことで、「めだか米」は今や人気ブランドになりつつあります。

私もそれに一役買うことができて、これ以上の喜びはありません。

私がこのような取り組みをしているのは、めだか米だけに限りません。野菜もそうですし、すでに書きましたように「塩麹」も地元産です。あらゆる食材について、可能な限り地元の生産者が作ったものを使うようにしています。

その延長に、一関市とタイアップしている「うまいもん！ まるごといちのせきの日」の取り組みもあるのです。

そうした一連の取り組みを積み重ねることで、私は故郷一関をPRして、そこで生まれる生産物の素晴らしさをアピールし、ひいては一関のファンを作りたいと思っています。そして首都圏の消費者と一関の生産者を結びつけて、一関を訪ねてくれる「流動人口」を増やしたい。そうすることで、故郷一関を活性化させたい。

こうした取り組みを、私は「公益的ビジネス」と呼んでいます。自分が儲けるだけでなく、ビジネスを通して社会全体が活性化していくような、そんなスキームをこれからも描きたいと思っているのです。

もちろん私は焼き肉店のオーナーですから、「門崎熟成肉」や「いわて南牛」をメインに扱っていきますが、黒毛和牛を中心に故郷全体を活性化させることができたら、こうした活動を横展開して、黒毛和牛を中心に日本のさまざまな地域を活性化させたい。そうやって和牛の生産者を元気にして、日本の和牛文化をますます発展させたい——という夢を持っているのです。

この活動を続けるうちに、お客様の中からも、いろいろなアクションが生まれるようになりました。

この活動に共鳴してくださっているお客様たちをご紹介しましょう。

「消費は再投資」という発想

生産者と顔の見えるおつきあい

「私は『うまいもん！』会には、この2年間ほぼ皆勤賞です。友人知人も誘っているので、出席者の3分の2が私の関係者ということもありました」

本書ですでにご登場いただいている、大手メーカーでマーケティングを担当する要職についている佐々木直美さんがそう語ります。

佐々木さんは東北の出身ではありませんが、震災をきっかけに、一関と深く関わってくださるようになりました。かねてから参加していた異業種交流会や勉強会などのお仲間も「うまいもん！」会に誘ってくださるのです。

私とのそもそもの出会いは、震災後、佐々木さんがお仲間とともに被災地支援に入られたときのことでした。

私は人づてにお手伝いを頼まれて、被災地の生産者を紹介したのですが、そのご縁で格之進にも来てくださるようになりました。佐々木さんは「食を通して被災地支援をしたい」と言われ、そこからおつきあいが始まったのです。

佐々木さんが素晴らしいのは、すぐにアクションにつながることです。

「『うまいもん！』会で一関の美味しい食材と出会って以降、私にとって一関は心理的にすごく近いところになりました。夏には一関で地ビールフェスタが行われると聞いて、さっそく仲間を誘ってでかけました。実際に生産者を訪ねてもの作りの情熱をうかがったり、ご自宅や農場を訪ねてその様子を見せていただいたりすると、心の通う深い関係になります。生産物がいかに大切に栽培されているかもわかります。そういう方の生産物をいただけるのは、都市生活者にとっては嬉しいことですね」

実際に佐々木さんは、一関の生産物を直接買いつけて直送してもらっているそうです。野菜は月に2回、豚肉も月に2回、お米は2ヵ所から、自宅に届くといいます。

佐々木さんに連れられて「うまいもん！」会に参加して、ついには一関に旅行するまでになった久野浩子さんもこう語ります。

「私にとって『うまいもん！』会は東北という地域と初めてつながる経験でした。こういうご縁がいただけたのはとても嬉しいです」

こうした首都圏の消費者と地域の生産者とが顔の見える関係になることは、まさに一関市が狙ったこと。「クール一関」を体現してくださっています。

さらに佐々木さんはこう語っています。

「私は、消費することは再投資することだと思っています。つまり、一生懸命働いて得たお金を、次の世代にも残してほしいと思うものを買うことで再投資する。

たとえば一関の『鶴首《つるくび》』という里芋は、原種に近くて美味しいんです。地元でもあまり作り手がいなくて、おばあさんたちが研究会を作って守っています。大量生産には向きませんから、一般の流通には乗りません。でもそういうものを私たちが買うことで、次の世代につながるかもしれない。南部一郎かぼちゃもそうです。これからは、買って守るということを考えていかないといけないと思います」

消費者の支持が「公益」になる

佐々木さんが語った「消費は再投資」という考え方。これこそが、私が考えている「公益的ビジネス」の、消費者サイドからの切り口だと思います。

言うまでもありませんが、日本の第一次産業は、さまざまな意味で危機的な状況にあります。

高齢化による後継者不足。安い輸入食品との価格競争。都市の一極集中化による労働力不足。ＴＰＰ問題に象徴される外圧。補助金漬けから脱しきれない農業政策、などなど。

問題は、こういう諸問題に対して、消費者のみなさんが知識としては持っているにもかかわらず、自分の問題としていないこと。自分が何かアクションを起こして、この日本の現状を変えようとしてこなかったことにあると思います。

スーパーに行けば、ひとパック３００円の国産のお肉よりも２５０円の輸入肉を選んでしまう。お弁当を買うのにも、国産食材で作られた５００円のものより、どこの国の産物かわかりにくい輸入食材を使った３８０円のものを買ってしまう。

そういう消費傾向が、私も含めて多くの消費者にあったことは否《いな》めません。

輸入食材を選んでしまったということは、逆に日本の生産者に対して、「なんとかコストカットして、今まで２００円で出荷していた食材を輸入食材なみに１５０円にできないか」と圧力をかけていたことと同義ともとれます。これでは生産者は疲弊してしまいます。

佐々木さんが語った「消費を通して再投資する」という考え方は、その真逆です。

「ものを買う（消費する）ということは、この商品（生産物）が次の代にまで存続してほしいという意志表明である。サステナビリティ（継続性）のある生産環境をつくるために、私はそれを買う（投資する）んだ」

そういう考え方で、消費行動をリセットしていく。

もちろん生産者も、ただ生産物を流通に乗せるだけでなく、その裏側にある物語を発信したり、消費者と交流する活動を展開したりしながら、自分たちの存在をアピールする必要があります。

そうやって相互理解が深まれば、その商品が多少高くても、日本の生産現場を考えて、その環境を維持するために購入（再投資）する人も増えるはずです。

そういう強い意志を持った消費者でありたいと、佐々木さんはおっしゃっているのです。

それこそが、私が「公益的ビジネス」として掲げたポリシーと共通する、消費者のあり方だと思います。そういう「共感」があるからこそ、佐々木さんは「うまいもん！」会にも参加してくださり、一関にも足を延ばして、生産者や地元の人たちとの交流を重ねてくださっているのでしょう。

そもそも地元の黒毛和牛の生産者を守るために始めた考え方が、多くの人との出会いによりこのように広く展開されていくことは嬉しい限りです。私はこの活動を、今後も続けていきたいと思っています。

ファンが商品開発やPRの中心に

もうひとり、今ではすっかり一関のPR隊のリーダー格になってくださったお客様を紹介したいと思います。

2015年のゴールデンウイーク中、新宿中央公園で行われた「大牛肉博」の会場で、落合絵美さんは私が出店した「いわて南牛」のブースの前で、スタッフとお揃いのピンクのTシャツを着て客引きのために声を張り上げてくれていました。

「いわて南牛です～。熟成肉使った牛丼です～。お米も岩手産使っています～。醬油、お米、お肉、野菜、紅しょうが、すべて岩手産です～」

と、その口上も、すっかり手慣れたものです。

そもそも私といわて南牛の出会いは、「震災」でした。それ以前は兄の牧場の牛だけを使っていたのですが、被災地支援を続けるボランティアさんたちの活動を見るにつけ、地域創生や地域活性に意識が向き、地元の生産者さんたちと連携して地元の和牛のブランディングに価値を見いだすようになったのです。

このイヴェントに参加するにあたっても、「格之進」として出店するよりも、地域ブランド「いわて南牛」を発信したほうがいいと判断して店名を決めました。出店に際しては、一頭100万円前後の「いわて南牛」の枝肉を20頭分用意して、熟成をかけたうえで牛丼用に調理しましたので、美味しく仕上がっているはずです。

その「いわて南牛」の牛丼を必死に宣伝してくれている落合さんは、PR会社に勤めるコンサルタントで、「商品の魅力を伝えることのプロ」です。2年前に「うまいもん！」会に参加して市長や農協、生産者のみなさんたちとすっかり意気投合して以来、今では2ヵ月に一度は一関に通って、親交を深める関係になりました。

最近では50〜60人の生産者と交流しながら、作付けや収穫を手伝ったりしています。一関はすっかり「第二の故郷」になったのです。この日も、一関のためならと、ボランティアで私の店を手伝ってくれていました。

落合さんはこう語りました。

「やはり震災をきっかけに岩手に通うようになったのですが、『うまいもん！』会にはキャンセル待ちで入れてラッキーでした。東北の生産者の知り合いが多いので、今、わが家には8種類のお米が届いていますが、やっぱり一関のものが美味しく感じる。一関の人が上京すると聞くと、会わずにはいられないんです」

一関にとっては、すごい人がファンになってくれたものです。

落合さんは、一関の千厩《せんまや》という地区のオーディオ工場で生産されている「クラシック椎茸」の商品開発も手がけています。生産の途中で間引かれていた小さな椎茸に目をつけて、商品化して赤坂のレストランや箱根のホテルの調理場で使ってもらっています。あるいは一関で作られる「ごぼう茶」を都心のフィットネスクラブに紹介してくれたり、消費者が主体的に地域に関わることの、お手本のような活動を展開してくださっています。

和牛がつなぐオール地域態勢

落合さんが宣伝してくれていた「大牛肉博」の会場には、特注の法被《はっぴ》を着た勝部市長や副市長、ＪＡ理事長、農林部長、いわて南牛肥育部会若手生産者のメンバー、市会議員、県会議員、市役所スタッフなど、一関から総勢11名がかけつけてくれました。ブースには、「うまいもん！」会の常連さんたちも来られ、牛丼を美味しそうに食べてくれています。

会場には、神戸、鹿児島、仙台、米沢と、牛肉の有名ブランドの店が並んだのですが、こんなふうに行政と市民、応援団が一枚岩となって「オール地域態勢」を組んだチームはほかにはありませんでした。

これもまた、「うまいもん！」会を続けてきた効果だと思います。

少しずつではありますが、私が目指す「クール一関」「公益的ビジネス」の芽は成長しています。今後もこの活動に水を与えながら、故郷一関・岩手県を元気にさせるとともに、牛肉の文化を広めていきたいと思っています。

当面目指すのは、２０２０年の東京オリンピック。

その日までに「オール一関態勢」をしっかりと強化して、ひとりでも多くの外国人に東北を訪ねていただきたい。そして日本の黒毛和牛の美味しさを、しっかりと味わっていただきたい。

その先に目指すのは、黒毛和牛の世界展開――。

私の夢は、ますます広がっていきます。

執筆にあたり、取材でお世話になりましたすべての方々に感謝いたします。

本書を、日ごろ私の活動を支えてくれている妻、子どもたち、亡き両親、姉と兄、「格之進」の全スタッフに捧げます。

千葉祐士
1971年、岩手県一関市の牛の目利きを生業とする家に生まれる。1994年、東北学院大学経済学部を卒業後一般企業に勤めるが、27歳で脱サラし、故郷で1999年、焼き肉店「格之進」1号店を開業。実家の牧場で肥育する牛を提供し人気店に。2000年代には関東圏に進出。現在では、岩手県内と東京に計7店舗を展開。開店当初は「黒毛和牛」を看板にしていたが、2005年、故郷の地名をつけた「いわて門崎丑(かんざきうし)」というブランドを立ち上げた。昨今は「いわて南牛」を中心に加工から流通、販売までを一貫して担い、枝肉から熟成させた「門崎熟成肉」は、メディアに多く取り上げられている。さらに、計200万人近くが集い、国内外の肉料理で盛り上がる日本最大級の肉イベント「肉フェス」において2014 ～ 15年、4回連続総合優勝を果たす。

講談社+α新書　706-1 B

熟成・希少部位・塊焼き
日本《にほん》の宝《たから》・和牛《わぎゅう》の真髄《しんずい》を食《く》らい尽《つ》くす
千葉祐士《ちばますお》

2015年10月20日第1刷発行

発行者――――鈴木 哲
発行所――――株式会社 講談社
東京都文京区音羽2-12-21 〒112-8001
電話 出版(03)5395-3522
販売(03)5395-4415
業務(03)5395-3615
カバー・略歴・本文2ページ目の写真―立木義浩
デザイン――――鈴木成一デザイン室
取材・構成――――株式会社バザール
カバー印刷――――共同印刷株式会社
印刷――――慶昌堂印刷株式会社
製本――――株式会社若林製本工場
本文図版――――朝日メディアインターナショナル株式会社

定価はカバーに表示してあります。

落丁本・乱丁本は購入書店名を明記のうえ、小社業務あてにお送りください。

送料は小社負担にてお取り替えします。

なお、この本の内容についてのお問い合わせは第一事業局企画部「＋α新書」あてにお願いいたします。

Printed in Japan
ISBN978-4-06-272915-4

講談社+α新書

新しいお伊勢参り 〝おかげ年〟の参拝が、一番得をする！
井上宏生
伊勢神宮は、式年遷宮の翌年に参拝するほうがご利益がある！ 幸せをいただく(得)お参り術
840円 631-1 A

日本全国「ローカル缶詰」驚きの逸品36
黒川勇人
「ご当地缶詰」はなぜ愛されるのか？ うまい、取り寄せできる！ 抱腹絶倒の雑学・実用読本
840円 632-1 D

缶詰博士が選ぶ！「レジェンド缶詰」究極の逸品36
黒川勇人
落語家・春風亭昇太師匠も激賞！ 究極中の究極の缶詰36種を、缶詰博士が厳選して徹底紹介
880円 632-2 D

溶けていく暴力団
溝口敦
反社会的勢力と対峙し続けた半世紀の戦いの集大成！ 新しい「暴力」をどう見極めるべきか!?
840円 633-1 C

日本は世界1位の政府資産大国
髙橋洋一
米国の4倍もある政府資産⇩国債はバカ売れ!! すぐ売れる金融資産だけで300兆円もある！
840円 634-1 C

外国人が選んだ日本百景
ステファン・シャウエッカー
旅先選びの新基準は「外国人を唸らせる日本」あなたの故郷も実は、立派な世界遺産だった!!
890円 635-1 D

もてる！『星の王子さま』効果 女性の心をつかむ18の法則
晴香葉子
なぜ、もてる男は『星の王子さま』を読むのか？ 人気心理カウンセラーが説く、男の魅力倍増法
840円 636-1 A

「治る」ことをあきらめる 「死に方上手」のすすめ
中村仁一
ベストセラー『大往生したけりゃ医療とかかわるな』を書いた医師が贈る、ラストメッセージ
840円 637-1 B

偽悪のすすめ 嫌われることが怖くなくなる生き方
坂上忍
迎合は悪。空気は読むな。予定調和を突き抜ければ本質が見えてくる。話題の著者の超人生訓
840円 638-1 A

日本人だからこそ「ご飯」を食べるな 肉・卵・チーズが健康長寿をつくる
渡辺信幸
テレビ東京「主治医が見つかる診療所」登場。3000人以上が健康&ダイエットを達成！
890円 639-1 B

改正・日本国憲法
田村重信
左からではなく、ど真ん中を行く憲法解説書!! 50のQ&Aで全て納得、安倍政権でこうなる！
880円 640-1 C

表示価格はすべて本体価格（税別）です。本体価格は変更することがあります